Maximilian Schwenk

Numerische Modellierung der induktiven Ein- und Zweifrequenzrandschichthärtung

**Schriftenreihe
des Instituts für Angewandte Materialien**

Band 10

Karlsruher Institut für Technologie (KIT)
Institut für Angewandte Materialien (IAM)

Eine Übersicht über alle bisher in dieser Schriftenreihe erschienenen Bände
finden Sie am Ende des Buches.

Numerische Modellierung der induktiven Ein- und Zweifrequenzrandschichthärtung

von
Maximilian Schwenk

Dissertation, Karlsruher Institut für Technologie (KIT)
Fakultät für Maschinenbau
Tag der mündlichen Prüfung: 26. Juli 2012

Impressum

Karlsruher Institut für Technologie (KIT)
KIT Scientific Publishing
Straße am Forum 2
D-76131 Karlsruhe
www.ksp.kit.edu

KIT – Universität des Landes Baden-Württemberg und
nationales Forschungszentrum in der Helmholtz-Gemeinschaft

Diese Veröffentlichung ist im Internet unter folgender Creative Commons-Lizenz
publiziert: http://creativecommons.org/licenses/by-nc-nd/3.0/de/

KIT Scientific Publishing 2012
Print on Demand

ISSN 2192-9963
ISBN 978-3-86644-929-9

Entwicklung und Validierung eines numerischen Simulationsmodells zur Beschreibung der induktiven Ein- und Zweifrequenzrandschichthärtung am Beispiel von vergütetem 42CrMo4

Zur Erlangung des akademischen Grades eines

Doktors der Ingenieurwissenschaften

Dr.-Ing.

von der Fakultät für Maschinenbau

des Karlsruher Instituts für Technologie (KIT)

genehmigte

Dissertation

von

M.Sc. Maximilian Schwenk

aus Stuttgart

Tag der mündlichen Prüfung: 26. Juli 2012

Hauptreferent: Prof. Dr.-Ing. habil. Volker Schulze
Korreferent: Prof. Dr. rer. nat. Britta Nestler

Danksagung

Die vorliegende Arbeit entstand während meiner Tätigkeit als wissenschaftlicher Mitarbeiter am Institut für Angewandte Materialien – Werkstoffkunde des Karlsruher Institutes für Technologie (KIT).

Mein besonderer Dank gilt Prof. Dr.-Ing. habil. Volker Schulze für die Durchführung dieser Arbeit im Rahmen des Graduiertenkollegs 1483, der unkomplizierten und schnellen Durchsicht des Manuskripts, sowie der Übernahme des Hauptreferats und dem mir entgegengebrachten Vertrauen während meiner wissenschaftlichen Arbeit.

Frau Prof. Dr. nat. rer. Britta Nestler danke ich für die Durchsicht der Arbeit sowie der Übernahme des Korreferats. Herrn Prof. Dr.-Ing. habil. Thomas Böhlke danke ich für die Übernahme des Vorsitzes.

Mein Dank gilt den Mitarbeiterinnen und Mitarbeitern des Institutes für Angewandte Materialien – Werkstoffkunde für die tolle Unterstützung und Zusammenarbeit. Hervorzuheben sind natürlich die Kollegen aus dem Dachgeschoss (die ich hier nicht alle aufzähle), mit denen nicht nur viele lustige Momente entstanden, sondern auch fachlich einiges diskutiert wurde. Für die sprachliche Durchsicht des Manuskripts möchte ich Regina Weingärtner, Franziska Lienert, Anna-Lena Zefferer und Simone Frey danken. Meinem Abteilungsleiter Jürgen Hoffmeister möchte ich für die hervorragende Betreuung meiner wissenschaftlichen Arbeit danken.

Weiterhin möchte ich dem technischen Stab sowie der mechanisch Werkstatt und Metallographie danken. Besonderer Dank gilt Frau Adelheid Ohl, Bianka Konstantin, Katharina von Klinski-Wetzel sowie Herrn Ralf Rössler, Dietmar Mügge, Norbert Lunz und Wolfgang Schäfer als Stellvertretender der Werkstatt.

Weiterhin danke ich Prof. Lars-Erik Lindgren und seinem Team von der Technischen Universität Luleå für die herzliche Aufnahme während meines wissenschaftlichen Aufenthaltes in Schweden sowie dem Karlsruhe House of Young Scientists für die finanzielle Unterstützung.

Einen wichtigen Beitrag zum Gelingen dieser Arbeit wurde durch die Unterstützung wissenschaftlicher Hilfskräfte sowie Studien- und Bachelorarbeiten erbracht. Hervorgehoben seien Michael Gerstenmeyer, Nico Schröder, Erika Moya Lopez, Joel Konig, Jan Haeberle und Alexander Ilg.

Zum Schluss gebührt der größte Dank meiner Frau Sabrina, die trotz ihres italienischen Temperaments die belastende Zeit während der Verfassung dieser Arbeit großartig unterstützt hat.

Inhaltsverzeichnis

1. Einleitung

Die Wertschöpfung bei der Herstellung hochbeanspruchter Bauteile entlang der Prozesskette wird entscheidend von der Randschichthärtung mitbestimmt. Zum einen ermöglicht dieses Verfahren die wertsteigernde Verbesserung der Bauteileigenschaften in Bezug auf Dauerfestigkeit sowie Verschleißbeständigkeit und zum anderen verursacht der resultierende Verzug Nachbearbeitungskosten, die zu einer Wertminderung führen.

Im Rahmen des Sonderforschungsbereiches 570 wurde die Thematik der Verzugsproblematik und die daraus resultierenden Kosten aufgegriffen, um nach der Identifikation der Wirkungsmechanismen entsprechende Gegenmaßnahmen zu entwickeln. Ein besonders wichtiges Hilfsmittel bei der Identifikation von Wirkungsmechanismen stellt die numerische Modellierung dar, da oft keine messtechnischen Möglichkeiten zur Verfügung stehen, gezielt Informationen aus dem Bauteilinneren während des Prozesses zu extrahieren.

Im Rahmen des Graduiertenkollegs 1483 wird der Aspekt der Prozesskette sowie der gezielte Einsatz numerischer Modellierungsmöglichkeiten genutzt, um nicht nur Wirkungsmechanismen der einzelnen Prozesse zu identifizieren, sondern vielmehr Wechselwirkungen der Prozesse untereinander aufzeigen zu können. Durch die optimale Abstimmung der Prozessparameter entlang der Prozesskette soll eine Bauteiloptimierung ermöglicht bzw. die Wertschöpfung maximiert werden.

Als Alternative zum Randschichthärteverfahren Einsatzhärten weist die induktive Zweifrequenzrandschichthärtung gewisse Vorteile entlang der Prozesskette auf. Jedoch steht neben den erhöhten Kosten für die zerspanende Bearbeitung eines höherfesten Werkstoffes auch das geringe Prozessverständnis im Wege, um das volle Wertschöpfungspotential dieser noch sehr jungen Technologie zu entfalten.

Mit der Zielsetzung ein Prozessmodell für die Beschreibung der induktiven Randschichthärtung unter Verwendung einer oder mehrerer Frequenzen zu entwickeln, konnte eine Strategie erarbeitet werden, die eine komplette Beschreibung unter Berücksichtigung prozessspezifischer Aspekte erlaubt. Am Beispiel des Werkstoffes 42CrMo4 im vergüteten Zustand kann durch ein Kalibrierungs- und Validierungsprozess gezeigt werden, dass das entwickelte Modell den Prozess gut abbilden kann. Basierend auf Induktionshärteexperimenten wird jeweils ein Prozessparametersatz für die Mittel- und Hochfrequenz zur Kalibrierung verwendet. Die Validierung erfolgt nicht nur für die separaten Frequenzen, sondern auch für die Zweifrequenzmodellierung, wobei nur auf die Kalibrierung der jeweiligen Frequenz zurückgegriffen wird.

Bauteilcharakteristika wie Eigenspannungs- und Härtetiefenverläufe werden von dem Modell abgebildet. Basierend auf der Modellierung kann gezeigt werden, dass die Abweichung der quantitativen Wiedergabe der Eigenspannungen auf der Unterschätzung der Umwandlungsplastizität während der martensitischen Umwandlung beruht. Der bereits bekannte Einfluss der Einhärtetiefe auf die Eigenspannungen bei gegebenem Durchmesser wird dargestellt.

2. Kenntnisstand

2.1 Induktionshärten

Das Induktionshärten wird in der DIN Norm 10052 [1] unter dem Begriff Randschichthärten eingegliedert und stellt als rein thermisches Randschichthärteverfahren eine Alternative zur durchgreifenden Wärmebehandlung in Form der thermochemischen Einsatzhärtung dar. Weitere Verfahren, die nach DIN Norm 17022-5 [2] zu den Randschichthärteverfahren gehören, sind das Flamm-, Laser- und Elektronenstrahlhärten. Bei der Randschichthärtung beschränkt sich die Martensithärtung lokal auf die äußere Randschicht. Neben der hohen Härte, die eine Verbesserung der Verschleißbeständigkeit bzw. Walzfestigkeit bewirkt, ergeben sich durch die lokale Härtung zusätzlich dauerfestigkeitssteigernde Druckeigenspannungen im Randbereich [3]. In Kombination mit einem zähen Kern (unbeeinflusstes Gefüge) lassen sich beträchtliche Steigerungen der Wechsel- sowie Bauteilfestigkeit ähnlich dem Einsatzhärten erzielen [4].

Aus industrieller Sicht gehört das Induktionshärten mit zu den bedeutendsten Randschichthärteverfahren. Die hohe Automatisierbarkeit ermöglicht eine einfache Integration in die Fertigungslinie und gewährleistet durch die Einzelteilfertigung ein hohes Maß an Reproduzierbarkeit [5]. Neben dem Härten von Wellen und Verzahnungen in der Automobil- und Flugzeugbranche erstreckt sich das Anwendungsgebiet über eine Vielzahl verschiedener Bauteilgruppen (Nocken, Lagerringe, usw.) [6–11]. Schmelz- und pulvermetallurgisch hergestellte Bauteile sind mit diesem Verfahren ebenso randschichthärtbar [12]. Verfahrensbedingte Verzüge sind dabei relativ gering, was auf der Stützwirkung des Kerns in Kombination mit einer im Verhältnis zur durchgreifenden Erwärmung geringen Wärmeeinbringung beruht [13], [14].

Unter den Randschichthärteverfahren unterscheidet sich das Induktionshärten maßgeblich durch die Art der Wärmeeinbringung. Die zur Erwärmung notwendige Energie muss nicht, wie beim Flamm-, Laser- sowie Elektronenstrahlhärten, über die Oberfläche ins Bauteilinnere gelangen, sondern wird im Werkstoffvolumen in Form von Wirbelströmen induziert. Die Wärmeentwicklung beruht fast ausschließlich auf Ohm´schen Verlusten, wobei die Hystereseverluste nur eine untergeordnete Rolle spielen [15],

[16]. Volumenspezifisch lassen sich sehr hohe Leistungsdichten erreichen, die neben kurzen Heizzeiten hohe Einhärtetiefen ermöglichen. Abb. 2- gibt eine Übersicht zu verschiedenen Randschichthärte- bzw. verfestigungsverfahren sowie deren Wirkungstiefe.

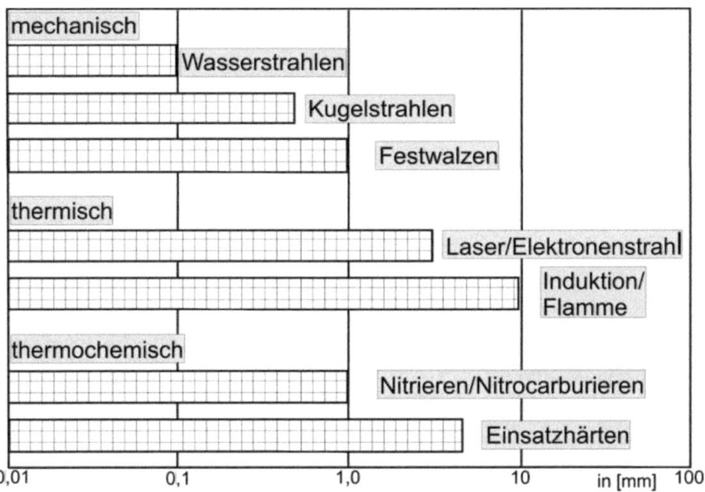

Abb. 2-1: Wirkungstiefe verschiedener Randschichtverfestigungsverfahren zur Steigerung der Schwingfestigkeit [17]

Die Einhärtetiefe beim Induktionshärten wird maßgeblich über die Prozessparameter Leistungsdichte, Heizzeit und Frequenz kontrolliert. Die Leistungsdichte beeinflusst lokal die Temperaturänderung, wohingegen die Heizzeit die eingebrachte Energie und den möglichen Wärmeabfluss durch Wärmeleitung bestimmt. Die Frequenz wirkt sich auf die Leistungseinbringung sowie -verteilung aus. Diese kann über die elektromagnetische Eindringtiefe δ charakterisiert werden und ist durch folgende Beziehung gegeben [18]:

$$\delta = \sqrt{\frac{1}{\pi \cdot f \cdot \mu_0 \cdot \mu_r \cdot \kappa}}, \qquad (2.1)$$

wobei κ die elektrische Leitfähigkeit ist, μ_0 die magnetische Permeabilität in Vakuum, μ_r die relative magnetische Permeabilität und f die Frequenz. Hieraus folgt, dass die Eindringtiefe mit zunehmender Frequenz kleiner wird und die temperaturabhängigen Werkstoffeigenschaften einen merklichen Einfluss haben. Dabei nimmt die relative Permeabilität μ_r eine besondere Rolle bei ferromagnetischen Werkstoffen ein. Mit Erreichen der Curie-Temperatur kann sich dieser Wert um ein Vielfaches gegenüber der elektrischen Leitfähigkeit ändern. Infolgedessen ergibt sich während der Erwärmung eine kontinuierliche Änderung der Leistungs- bzw. Wärmequellenverteilung.

Innerhalb der elektromagnetischen Eindringtiefe werden 86,5 % der induzierten Leistung in Wärme umgesetzt, was auf die exponentielle Verteilung der Stromdichte zurückzuführen ist. Die im Werkstück umgesetzte Leistung ist über die Ohm´schen Verluste durch folgende Beziehung gegeben:

$$P_{ind} = I_{ind}^{\,2} \cdot R_W \,, \qquad\qquad (2.2)$$

wobei P_{ind} die im Werkstück induzierte Leistung und I_{ind} der induzierte Wirbelstrom sowie R_W der elektrische Widerstand des Werkstücks sind. Der induzierte Wirbelstrom I_{ind} ist eine Funktion der magnetischen Feldstärke H_0 und der Frequenz f. Wird die Definition des elektrischen Widerstands herangezogen (vgl. Abb. 2-2), so ergibt sich bei gegebener Geometrie folgende Proportionalitätsbeziehung:

$$R_W \sim \frac{\rho}{\delta} \sim \sqrt{\pi \cdot f \cdot \mu_r \cdot \rho} \,, \qquad\qquad (2.3)$$

wobei ρ den spezifischen elektrischen Widerstand darstellt. Mit zunehmender Frequenz nimmt die Eindringtiefe ab und führt zu einer Vergrößerung von R_W. Die Stromstärke steigt zudem mit der Frequenz an, da die Stromdichte konstant bleibt, jedoch die Querschnittsfläche aufgrund der Änderung der Eindringtiefe kleiner wird. Diese beiden Einflussgrößen führen zu einer deutlichen Erhöhung der Leistungsdichte.

Somit ist die Frequenz die einzige frei wählbare Prozessgröße, die einen direkten Einfluss auf die Tiefenwirkung und Wärmeeinbringung ermöglicht. Dies gilt vor allem bei der Randschichthärtung von Zahnrädern mit der Zweifrequenztechnik. Durch die Superposition eines mittel- und hochfrequenten Leistungsanteils ist eine gezielte Erwärmung von Zahnfuß (Mittelfrequenz) sowie Zahnflanke und -spitze (Hochfrequenz) möglich [19].

Abb. 2-2 verdeutlicht die randschichtnahe Verteilung der induzierten Strom- und Leistungsdichte. H_0 stellt die magnetische Feldstärke an der Oberfläche dar und wird durch den Erregerstrom der Heizspule bzw. des Induktors erzeugt. J ist die induzierte Wirbelstromdichte und P die induzierte Leistung.

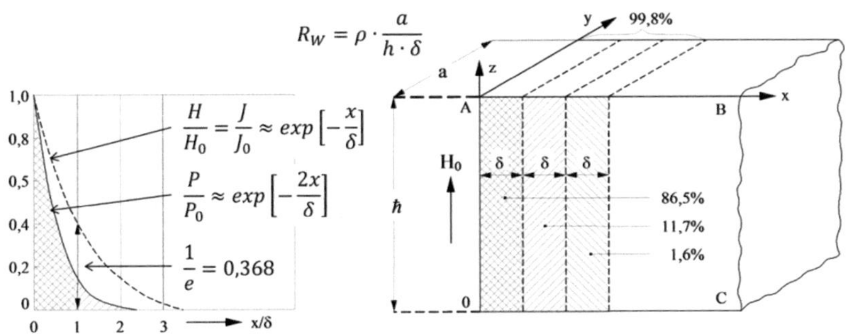

Abb. 2-2: Darstellung der elektromagnetischen Eindringtiefe am Beispiel einer unendlich ausgebreiteten Halbebene

Hinsichtlich der Anlagentechnik wird zwischen Serien- und Parallelschwingkreisen unterschieden, wobei der prinzipielle Aufbau in Abb. 2-3 für beide Gültigkeit besitzt. Über den Gleichrichter wird die Netzleistung im Zwischenkreis als konstanter Gleichstrom (parallel) oder als konstante Gleichspannung (seriell) bereitgestellt. Über den Wechselrichter wird der Schwingkreis, bestehend aus Anpassglied (ein Kondensator), Heizspule und Werkstück, gespeist. Der Wechselrichter wird als lastgeführt bezeichnet, da sich die Arbeitsfrequenz anhand der Schwingkreischarakteristik einstellt. Diese ändert sich während des Härteprozesses aufgrund der temperaturabhängigen, elektromagnetischen Materialeigenschaften des Werkstücks und der damit verbundenen Kopplung mit der Heizspule [20]. Mittels der Detektion dieser Änderung wird mit Hilfe der Kontrolllogik die Leistung nachgeregelt, da bei Erreichen der Curie-Temperatur ein deutlicher Abfall der induzierten Leistung sowie Erwärmung auftreten würde [21], [22].

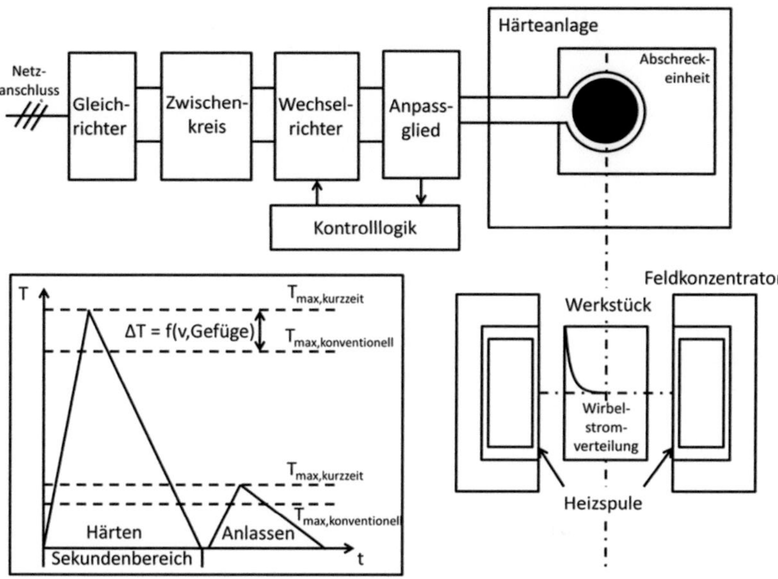

Abb. 2-3: Schematischer Aufbau der Anlagen- und Härtetechnik beim induktiven Randschichthärten sowie optimierte Zeit-Temperatur-Führung

In den meisten Anwendungen ist eine temperaturgeregelte Härtung ungeeignet, da die zu härtenden Bauteile für eine homogene Temperaturverteilung rotiert werden müssen [15]. Hinzu kommt die schlechte Zugänglichkeit aufgrund der Heizspule, wie in Abb. 2-3 aus der Anordnung entnommen werden kann. Die Inhomogenität der Temperaturverteilung rührt von der magnetischen Feldverzerrung im Bereich der Zuleitung her. Magnetische Feldkonzentratoren dienen der Reduktion von Streufeldern und ermöglichen eine effizientere Erwärmung [23]. Das konturtreue Härten komplexer Geometrien (z.B. Verzahnungen) ist ohne Feldkonzentratoren nur bedingt möglich, da die gezielte Einbringung der Leistung zur Vermeidung einer Durchhärtung nicht ohne weiteres gewährleistet werden kann.

Im Gegensatz zum Laser- und Elektronenstrahlhärten, bei denen eine martensitische Härtung durch Selbstabschreckung erreicht werden kann, ist bei der induktiven Randschichthärtung eine erzwungene Abschreckung notwendig. Meist kommen Abschreckbrausen mit Wasser-Polymer-Gemischen zum Einsatz. Durch die Kombination des Durchflusses, der Polymerkonzentration sowie der Abschreckmitteltemperatur kann die Abschreckintensität in weiten Bereichen kontrolliert werden. Während des Abschreckens bildet sich ein dünner Polymerfilm auf der Oberfläche, der beim Erreichen der Martensitstarttemperatur M_S eine isolierende Wirkung erzeugt und somit die Abschreckintensität reduziert [24]. Eine weitere Möglichkeit bietet das Abschrecken mittels Spraykühlung. Durch die Kombination des Wasser- und Luftdrucks kann die Abschreckintensität kontrolliert werden. In Untersuchungen an induktiv gehärteten Zahnrädern konnte gezeigt werden, dass diese Abschrecktechnik als Alternative in Betracht gezogen werden kann [25], [26].

2.2 Gefüge-Eigenschafts-Beziehung nach dem induktiven Randschichthärten

Der schematische Härteverlauf in Abb. 2-4 ist nach DIN Norm 17022-5 [2] charakteristisch für randschichtgehärtete Bauteile. Die Härtezone kann in eine vollständig sowie unvollständig austenitisierte Randschicht unterteilt werden. Ersteres liegt vor, wenn alle Karbide in Lösungen gegangen sind und der für die Härte maßgebliche Kohlenstoffgehalt vollständig im Austenit gelöst sowie homogen verteilt vorliegt. Dieser Gefügezustand wird auch als homogener Austenit bezeichnet und führt nach dem anschließenden Abschreckprozess zu einer gleichmäßigen Härte der martensitischen Randschicht. Liegen hingegen lokal ungelöste Restkarbide zum Zeitpunkt des Abschreckens im Austenit vor, so weist die gehärtete Randschicht lokale Härteunterschiede aufgrund der Kohlenstoffinhomogenität auf. Bei zu hohen Temperaturen sowie langen Heizzeiten bei erhöhten Temperaturen tritt nach der Auflösung der Restkarbide Kornwachstum ein, was sich in einem Härteverlust bemerkbar machen kann.

Die resultierende Härte der martensitisch umgewandelten Randschicht hängt von dem Zusammenspiel zwischen der Karbidauflösung, der Verteilung der Legierungselemente sowie dem Kornwachstum ab [27]. Diese Vorgänge werden bei der induktiven Randschichthärtung durch den lokal auftretenden Temperatur-Zeit-Verlauf beeinflusst. Die Überlagerung der benannten Einflussgrößen führen trotz deutlicher Zunahme der Korngröße bei Austenitisierungstemperaturen bis 1200 °C und Aufheizraten von 0,3-300 K/s zu keinem merklichen Härteabfall, wie Untersuchungen zum induktiven Randschichthärten zeigen [28].

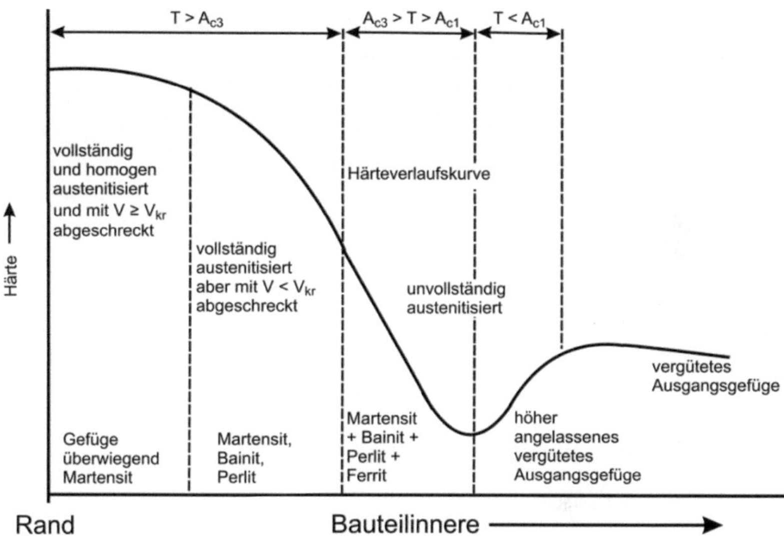

Abb. 2-4: Schematischer Härteverlauf randschichtgehärteter Bauteile in Abhängigkeit des Austenitisierungsgrades nach DIN Norm 17022-5 [2]

Der Übergangsbereich zwischen der gehärteten Randschicht und dem unbeeinflussten Kerngefüge weist zumeist eine hochangelassene Zone auf, die durch einen Härteabfall gekennzeichnet sein kann. Die Breite dieser Übergangzone hängt neben dem Ausgangsgefüge vom Temperatur-Zeit-Verlauf ab [29].

Untersuchungen zeigen, dass die Biegewechselfestigkeit glatter Probenstäbe aus Ck 53 durch die induktive Randschichthärtung um 70 - 95 % gegenüber dem Ausgangsgefüge gesteigert werden kann [30]. Bei 42CrMo4 liegt die Zunahme der Biegewechselfestigkeit bei 40 bis 55 %. Die Steigerung bei gekerbten Proben kann bis zu 150 % betragen, was auf den mehrachsigen Spannungszustand zurückzuführen ist. Die Kerbwirkungszahl hängt maßgeblich von der Kernfestigkeit ab [31]. Nach [29] beeinflussen begrenzte Gefügeinhomogenitäten in der gehärteten Randzone die Dauerschwingfestigkeit nicht. Schwingfestigkeitsversuche induktiv gehärteter Proben sind außerdem in [32–36] zu finden. In [36] wird keine Korrelation zwischen einer schmalen Übergangszone und einer abnehmender Schwingfestigkeit festgestellt. Eine kritische Betrachtung der Kurzzeitaustenitisierung in Bezug auf die Schwingfestigkeit ist in [37] zu finden. Der Autor stellt die Vermutung an, dass Heizzeiten unter sieben Sekunden zu einer stark abnehmenden Schwingfestigkeit führen können.

Die Wälzfestigkeit induktiv gehärteter Prüfrollen aus 42CrMo4 nimmt nach [38] mit homogenerem Austenit bzw. zunehmendem gelösten Kohlenstoffgehalt zu. Im Fall des Werkstoffs 100Cr6 wird ebenfalls eine Zunahme der Wälzfestigkeit festgestellt, die mit einem höheren Restaustenitanteil begründet wird. In [39] wird argumentiert, dass der Austenitsaum aufgrund unvollständiger Karbidauflösung ein Zerbrechen der Karbide unter mechanischer Belastung verhindert und die Verschleißeigenschaften verbessert.

2.3 Eigenspannungen nach dem induktiven Randschichthärten

Nach [40] ist das Schwingfestigkeitsverhalten induktiv gehärteter Bauteile maßgeblich vom vorliegenden Eigenspannungszustand abhängig. Eigenspannungen sind im temperaturausgeglichenen Bauteil vorhandene Spannungen, die ohne Anliegen äußerer Kräfte oder Momente vorliegen. Definitionsgemäß wird zwischen Mikro- und Makrospannungen unterschieden [41]. Im Folgenden wird allerdings nur auf die Makroeigenspannungen bzw. Eigenspannungen 1. Art eingegangen.

Abb. 2-5 zeigt eine schematische Darstellung der Eigenspannungsentwicklung entlang des Härteprozesses. Unter den angegebenen Modellannahmen kann die Entwicklung der Eigenspannungen in der Randschicht erläutert werden, da der Kern während der Erwärmung als unbeeinflusst angenommen wird. Zunächst wird die Randschicht erwärmt und dehnt sich entsprechend des Ausdehnungskoeffizienten α aus. Der Kern hingegen wird nicht erwärmt, wodurch die Randschicht unter Druck gesetzt wird (1). Mit Erreichen der Stauchgrenze R_{deS} bei gegebener Temperatur wird die Zunahme der Spannung begrenzt. Bei weiterer Erwärmung entwickelt sich die Druckspannung entsprechend der Warmstauchgrenze (2). Während der

Austenitumwandlung werden die Druckspannungen aufgrund der Volumenabnahme abgebaut (3).

Nach der vollständigen Austenitumwandlung bauen sich erneut Druckspannungen bis zum Erreichen der maximalen Austenitisierungstemperatur auf. Sofortiges Abschrecken führt zu einem parallelen Verlauf der Spannung in entgegengesetzter Richtung, da nun die Kontraktion zum Aufbau von Zugspannungen führt (4). Wie zuvor werden während des Abschreckens die maximal erreichbaren Zugspannungen durch die Warmstreckgrenze R_{eS} begrenzt (5). Während der martensitischen Umwandlung führt die Volumenzunahme zur Überkompensation der Zugspannungen, wobei die sich aufbauenden Druckspannungen durch die Umwandlungsplastizität begrenzt werden (6). Nach der Martensitbildung nehmen die Druckspannungen bis zum Erreichen der Raumtemperatur wieder leicht ab (7).

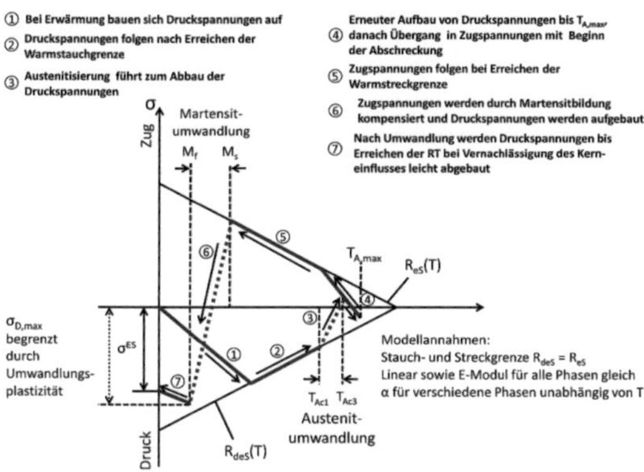

Abb. 2-5: Schematische Darstellung der Eigenspannungsentwicklung während der induktiven Randschichthärtung in der Randschicht

Trotz dieser einfachen Betrachtung kann abgeleitet werden, dass die sich aufbauenden Druckspannungen bis zum Ende der Martensitumwandlung sowie die Temperaturdifferenz zwischen Kern (nicht martensitsch umgewandelter Werkstoffbereich) und Randschicht Einfluss auf die resultierenden Eigenspannungen haben [42]. Zudem wird ersichtlich, dass eine erhöhte Warmstreckgrenze zu niedrigeren Druckeigenspannungen führen wird, da sich vor Beginn der Martensitumwandlung höhere Zugspannungen ausbilden können, die zunächst kompensiert werden müssen [43]. Während der Martensitbildung führt die Umwandlungsdehnung zum Aufbau der Druckspannungen, wobei frühzeitiges plastizieren aufgrund der Umwandlungsplastizität eine limitierende Größe darstellt.

Liegt nach der Umwandlung ein Temperaturunterschied zwischen Randschicht und Kern vor, so wird der zusätzliche Druckspannungsaufbau, der durch die Kontraktion des Kerns hervorgerufen wird, umso größer, je höher diese Temperaturdifferenz ist. Wird die Temperaturdifferenz jedoch von Umwandlungen in tieferliegenden Randschichten überlagert, so werden die Druckspannungen in der Randschicht abgebaut. Dies führt bei gegebenem Durchmesser und zunehmender Einhärtetiefe zu einer Abnahme des Druckspannungsmaximums [44].

2.4 Werkstoffkundliche Betrachtung der induktiven Randschichthärtung

Wie beim Härten besteht die induktive Randschichthärtung aus drei Teilprozessen, dem Erwärmen auf Austenitisierungstemperatur, einem eventuellen Halten zur Homogenisierung des gebildeten Austenits sowie dem darauffolgenden Abschrecken. Durch Kurzzeitaustenitisierung wird der Werkstoffzustand maßgeblich beeinflusst, da sich der Gefügezustand vor dem Abschrecken direkt auf die resultierenden Werkstoffeigenschaften auswirkt [3]. Der Austenitisierungszustand kann über die Homogenität sowie die Korngröße definiert werden und ist in großem Maße vom Ausgangsgefüge sowie den Prozessparametern Temperatur und Zeit abhängig [45].

Im Folgenden soll zunächst auf den Austenitisierungsprozess mit moderaten Erwärmungsgeschwindigkeiten eingegangen werden, um grundsätzliche Erkenntnisse zu erläutern. Daraufhin wird der Einfluss erhöhter Erwärmungsgeschwindigkeiten diskutiert. Das Halten wird nicht weiter betrachtet. Die Gefügeentwicklung während des Abschreckprozesses wird mittels martensitischer Umwandlung erläutert, da bei konturtreuem Randschichthärten ausschließlich mit dieser zu rechnen ist.

2.4.1 **Austenitisierung**

Der Austenitisierungsprozess besteht aus verschiedenen Zwischenschritten und hängt neben dem Ausgangsgefüge vom Temperatur-Zeit-Verlauf ab, wie in Abb. 2-6 dargestellt. Unter Berücksichtigung moderater Erwärmungsgeschwindigkeiten ist eine diffusionslose Umwandlung nur bei Reineisen bzw. Armcoeisen zu erwarten, wie in [46] gezeigt werden konnte. Dieser Aspekt wird bei der Kurzzeitaustenitisierung nochmals aufgegriffen.

Liegt ein metastabiles Gefüge in Form von Bainit und/oder Martensit vor, werden während der Erwärmung Anlassvorgänge aktiviert. Zunächst werden Übergangskarbide in Form von $Fe_{2,4}C$ ausgeschieden, die zu einer teilweisen Reduktion der inneren Verzerrungsenergie führen. Während dieser ersten Anlassstufe bewirkt die Abnahme der Tetragonalität eine relativ geringe Minderung der Härte bei gleichzeitiger Verbesserung der Zähigkeit [47]. Der vollständige Abbau der Tetragonalität mit zunehmender Temperatur hängt von der chemischen Zusammensetzung ab und äußert sich in Form von Karbidausscheidungen.

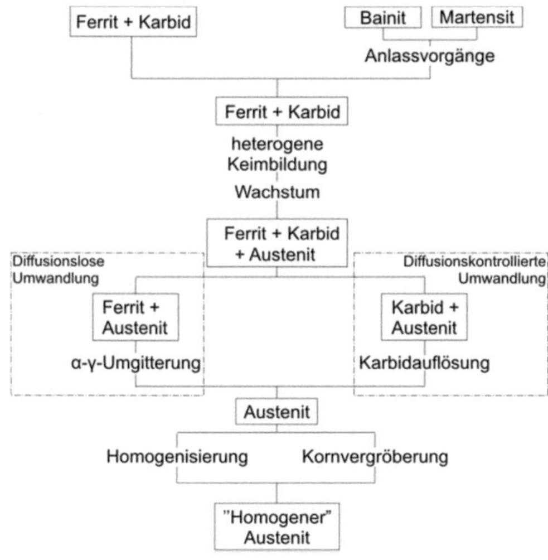

Abb. 2-6: Schema zur Austenitbildung [48]

Mit Erreichen der gleichgewichtsnahen Umwandlungstemperatur A_{e1}, liegt ein ferritisch-karbidisches Ausgangsgefüge vor. Die Kohlenstoffkonzentration der sich bei dieser Temperatur bildenden Austenitkeime unlegierter Stähle beträgt entsprechend dem Phasendiagramm für Fe-Fe$_3$C ca. 0,8 % und nimmt im Fall von untereutektoiden Stählen mit steigender Temperatur entlang der GS-Linie ab. Bei übereutektoiden Stählen nimmt indessen die Kohlenstoffkonzentration entlang der SE-Linie zu. Die Austenitkeimbildung ist heterogen, da eine bevorzugte Keimbildung an den Phasengrenzen Ferrit-Karbid eintritt, weil die Karbide den notwendigen Kohlenstoff bereitstellen sowie zusätzliche Grenzflächenenergie vorliegt [47], [49]. Eine weitere Verringerung der Aktivierungsenergie wird von [50] in der Bildung kohärenter bzw. teilkohärenter Grenzflächen gesehen.

Für verschiedene Ausgangsgefüge sind in Abb. 2-7 schematisch die bevorzugten Keimstellen dargestellt. In untereutektoiden Gefügen tritt die Keimbildung meist an Grenzflächen zwischen den Perlitkolonien und dem Ferrit an Zementitlamellen ein [51–53]. Weil die Oberflächenenergie eine Funktion der Kohärenz zwischen Kristallgittern ist, ist die Keimbildung an den Ferrit-Karbid-Grenzflächen des Perlits deutlich schwächer ausgeprägt [51]. Keimbildung ist dort am wahrscheinlichsten, wo vier Körner zusammenstoßen, gefolgt von Tripelpunkten und einfachen Korngrenzen [51]. Im Gegensatz zu einem ferritischen Gefüge spielt die Keimbildung an Ferrit-Ferrit-Grenzflächen eine untergeordnete Rolle [54].

Bei einem Anlassgefüge stellen die Karbidgrenzflächen den bevorzugten Keimort dar. Das Ausgangsgefüge beeinflusst durch die Verteilung der Karbide sowie deren Größe und Form die Keimbildungsrate. Mit steigender Karbidoberfläche wird die Keimbildungsrate erhöht, wie in [55] an einer feiner werdenden Perlitstruktur gezeigt wird. Entsprechend nimmt diese auch bei einer feineren Verteilung der Karbide zu, was die deutlich trägere Keimbildung eines weichgeglühten Gefüges gegenüber einem angelassenen Gefüge widerspiegelt [56]. Kaltverfestigung erhöht die Keimbildungsrate zusätzlich, was neben der geringeren Korngröße auf die gespeicherte Verformungsenergie zurückzuführen ist [57].

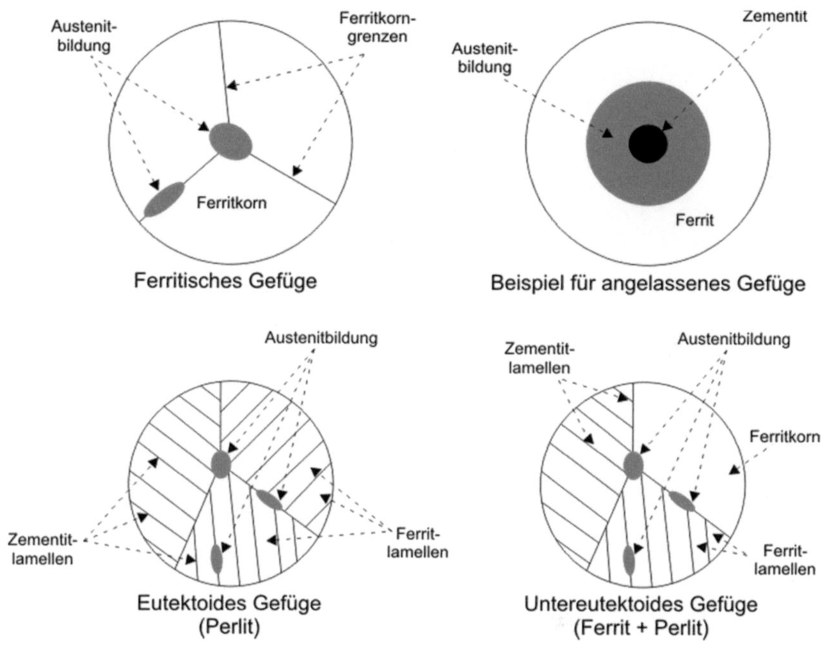

Abb. 2-7: Austenitkeimbildung in Abhängigkeit verschiedener Ausgangsgefüge

Die Bildung wachstumsfähiger Keime in Legierungen setzen unter Berücksichtigung der Thermodynamik voraus, dass sich deren chemische Zusammensetzung von der Ausgangszusammensetzung unterscheidet. Dies gilt für den diffusionslosen und massiven Wachstumsmechanismus, wohingegen die martensitische Umwandlung keine Änderung ermöglicht bzw. erfordert. Durch die neu gebildete Grenzfläche wird die freie Enthalpie der Produktphase erhöht, was zu einer Verschiebung des Gleichgewichts führt. Zusätzlich wird die freie Reaktionsenthalpie maximiert [58–60].

Mit dem Erreichen des kritischen Keimradius folgt die Wachstumsphase des Austenits (siehe Abb. 2-6). Untersuchungen von Speich et al. an niedriglegierten, untereutektoiden Ausgangsgefügen zeigen, dass das Wachstum in zwei Phasen unterteilt werden kann [61]. Ein anfänglich schnelles Wachstum durch die vollständige Umwandlung des Perlits wird aufgrund

15

des hohen Kohlenstoffangebots ermöglicht. Daraufhin schließt sich ein langsameres Wachstum des Austenits in den primären Ferrit an. Dieses wird je nach Temperatur von der Diffusion des Kohlenstoffs bzw. der Substitutionsatome bestimmt.

Für Anlassgefüge kommt es nach der Bildung eines Austenitsaums um die Karbide zu einem Wachstum in alle Richtungen. Das Wachstum des Austenits in den Ferrit wird ausschließlich von der Kohlenstoffdiffusion im Austenit bestimmt, wobei die sich auflösenden Karbide für den Nachschub an der α-γ-Grenzfläche sorgen [53]. Wie aus Abb. 2-8 ersichtlich ist, führt eine Temperaturerhöhung zu einem steileren Kohlenstoffgradienten, gekennzeichnet durch $C_{\gamma,max}$ und $C_{\gamma,min}$, da der nötige Kohlenstoffgehalt für die Bildung von Austenit an der Grenzfläche entsprechend der GS-Linie zum Ferrit abnimmt. Nicht angekeimte Karbide stellen keine Hindernisse für das weitere Wachstum der Austenitkörner dar. Sie werden vom Austenitkorn umschlossen und dienen im weiteren Verlauf des Wachstums als Kohlenstofflieferant, wobei sie sich nur langsam auflösen [62]. Die Karbidauflösung in einer vollständig austenitisierten Matrix kann eine bis zu zehnfach längere Zeitspanne als während der Austenitwachstumsphase in Anspruch nehmen [63], [64].

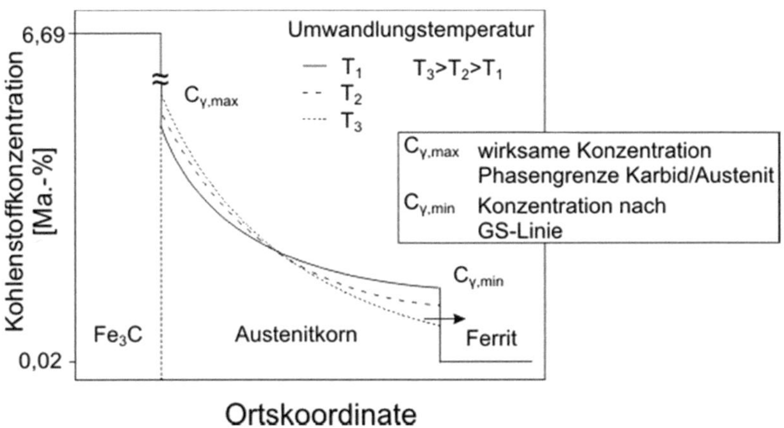

Abb. 2-8: Schematische Darstellung der diffusionskontrollierten Karbidauflösung sowie der Einfluss der Temperatur

Faktoren, die eine Beeinträchtigung der Kohlenstoffdiffusion bzw. eine Verlängerung der Diffusionswege bewirken, beeinflussen das Umwandlungsverhalten. Neben der Korngröße im Allgemeinen sind dies der Lamellenabstand im Perlit sowie Form, Größe und Verteilung der Karbide. Somit hängen die Keimbildung und das Keimwachstum gleichermaßen vom Ausgangsgefüge ab. Neuste Untersuchungen an niedrig-legiertem Stahl mit 1 Ma.-% Chrom deuten bei isothermer Versuchsführung auf ein durch Chromdiffusion kontrolliertes Austenitwachstum hin [65].

Die Phase des Austenitwachstums ist mit der vollständigen Umwandlung von Ferrit in Austenit abgeschlossen, wobei noch nicht vollständig aufgelöste Restkarbide vorhanden sein können. Im Gegensatz zur Austenitbildung führen die noch vorhandenen Restkarbide zu einer Hemmung des Kornwachstums durch die Behinderung der Korngrenzenbewegung. Somit laufen Kornwachstum und Austenithomogenisierung parallel zueinander ab (siehe Abb. 2-6). In [63] wird jedoch auch gezeigt, dass Restkarbide perlitischer C-Stähle keinen Einfluss auf das Kornwachstum haben.

Die Karbidauflösung wird in der Literatur nicht eindeutig diskutiert. Nolfi et al. nimmt beim Vergleich zwischen experimentellen Daten und einem Auflösungsmodell von Fe_3C an, dass der Prozess durch eine langsame Reaktion erster Ordnung an der Grenzfläche kontrolliert wird [66]. Dagegen kommen Hillert et al. bei der Berücksichtigung verschiedener Ausgangssituationen bezüglich der Karbidauflösung zu der Schlussfolgerung, dass keine Grenzflächenreaktion vorliegt und der Prozess lediglich über die Diffusion von Kohlenstoff und Legierungselementen erklärt werden kann [67]. In [68] wird die Auflösung von Zementit unter Berücksichtigung von Legierungselementen in drei Stufen unterteilt. Die erste Phase ist durch Kohlenstoffdiffusion geprägt, bis sich ein sogenanntes Paraequilibrium durch eine gleichmäßige Kohlenstoffaktivität einstellt. Die zweite Phase wird auf die Diffusion von Chrom im Zementit zurückgeführt, wobei festgehalten wird, dass die Chromdiffusion in Zementit die gleiche Größenordnung wie in Austenit aufweist [69]. Die letzte Phase wird durch die Chromdiffusion in Austenit, d. h. durch die Homogenisierung des Legierungselements kontrolliert. Agren stärkt die Betrachtung einer rein diffusionskontrollierten Karbidauflösung, wobei angemerkt wird, dass die Auflösungsgeschwindigkeit in mit Legierungselementen angereicherten Karbiden deutlich vermindert wird [70]. Generell wirken härtbarkeitssteigernde Legierungselemente wie Chrom, Mangan und Molybdän karbidstabilisierend und führen zu einer Verlängerung der Karbidauflösung [45], [71].

Malecki et al. gehen davon aus, dass Kohlenstoffdiffusion allein nicht für den Auflösungsprozess ausreicht [72]. Es wird vermutet, dass Kohlenstoff- und Eisendiffusion beteiligt sind und die langsame Diffusion des Eisens zu Spannungen an der Grenzfläche führt. Diese werden durch eine unzureichende Besetzung der sich im auflösenden Karbid bildenden Leerstellen hervorgerufen, weil das Volumenmissverhältnis nicht ausgeglichen werden kann und elastische Spannungen entstehen. Eine Verlangsamung der Reaktion führt zum Abbau dieser Spannungen. Zudem wird angenommen, dass die Legierungselemente dem sich neugebildeten Austenit zunächst vererbt werden und ein weiterer Abbau der Spannungen durch deren Diffusion in das umgewandelte Austenitgebiet ermöglicht wird.

Mit Vervollständigung der Karbidauflösung liegt zunächst ein inhomogener Austenit vor. Eine gleichmäßige Verteilung der Legierungselemente ist nur durch Diffusion möglich. Gleichzeitig zum Konzentrationsausgleich tritt Kornwachstum ein, das, wie bei Rekristallisation, auf Minimierung der Grenzflächenenergie basiert [47]. Der zeitliche Ablauf der Austenithomogenisierung ist nicht nur vom Ausgangsgefüge, sondern auch von der chemischen Zusammensetzung und der Temperatur abhängig. Ein grobes Gefüge benötigt mehr Zeit, da die Diffusionswege deutlich länger sind. Die Diffusionsgeschwindigkeit nimmt mit steigender Temperatur zu und verkürzt somit den Prozess. Die Homogenisierung wird durch die Diffusion der Legierungselemente kontrolliert, da deren Diffusionsgeschwindigkeit deutlich niedriger als die des Kohlenstoffs ist.

2.4.2 Kurzzeitaustenitisierung

Unter Berücksichtigung prozessspezifisch hoher Erwärmungsgeschwindigkeiten bzw. kontinuierlicher Austenitisierung ergeben sich Besonderheiten, wobei die Zwischenschritte einer moderaten Erwärmung gleichen (siehe Abb. 2-6). Mit Zunahme der Erwärmungsgeschwindigkeit werden die Umwandlungstemperaturen erhöht, wie aus Abb. 2-9 hervorgeht. Neben den Umwandlungstemperaturen A_{c1} (Beginn Austenitbildung) und A_{c3} (Ende Austenitbildung) wird auch die Temperatur zur Bildung eines homogenen Austenits $A_{c,hom}$ zu höheren Temperaturen verschoben. Der deutlich stärkere Temperaturanstieg für die Austenithomogenisierung hängt mit den noch vorhandenen Restkarbiden zusammen, deren Volumenanteil mit steigender Erwärmungsgeschwindigkeit zunimmt und eine entsprechend zeitliche Verlängerung der Austenithomogenisierung bewirkt [63]. Das mit der Austenithomogenisierung parallel ablaufende Kornwachstum wird nach [63] auch von der Erwärmungsgeschwindigkeit beeinflusst, da sich die jeweils einstellenden gleichen Korngrößen mit zunehmender Erwärmungsgeschwindigkeit zu höheren Temperaturen verschieben.

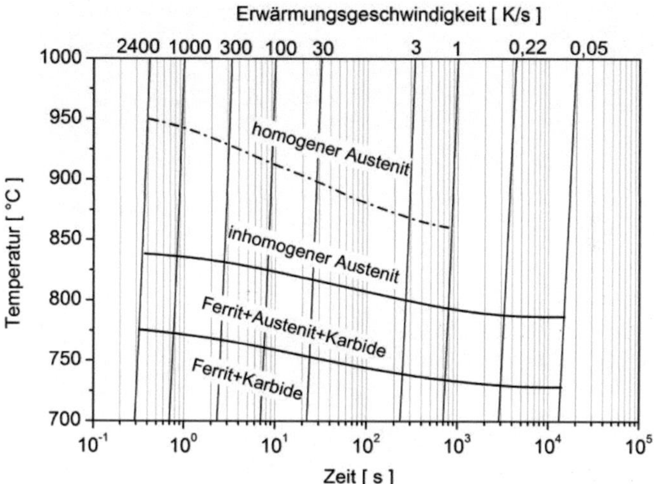

Abb. 2-9: Zeit-Temperatur-Austenitisierungsschaubild für 42CrMo4 im vergüteten Zustand [73]

Als sogenannte Überhitzung ΔA_{c1} wird die Verschiebung der Austenitkeimbildung zu höheren Temperaturen bezeichnet. Diese wird durch folgenden Zusammenhang definiert:

$$\Delta A_{c1} = A_{c1} - A_{e1}. \qquad (2.4)$$

Der Einfluss der Erwärmungsgeschwindigkeit ist in Abb. 2-10 schematisch dargestellt. Neben der Aufheizgeschwindigkeit v hängt die Überhitzung vom Ausgangsgefüge ab und fällt für ein Anlassgefüge geringer gegenüber einem normalisierten Zustand aus, da eine höhere Karbidoberfläche vorliegt [28], [63].

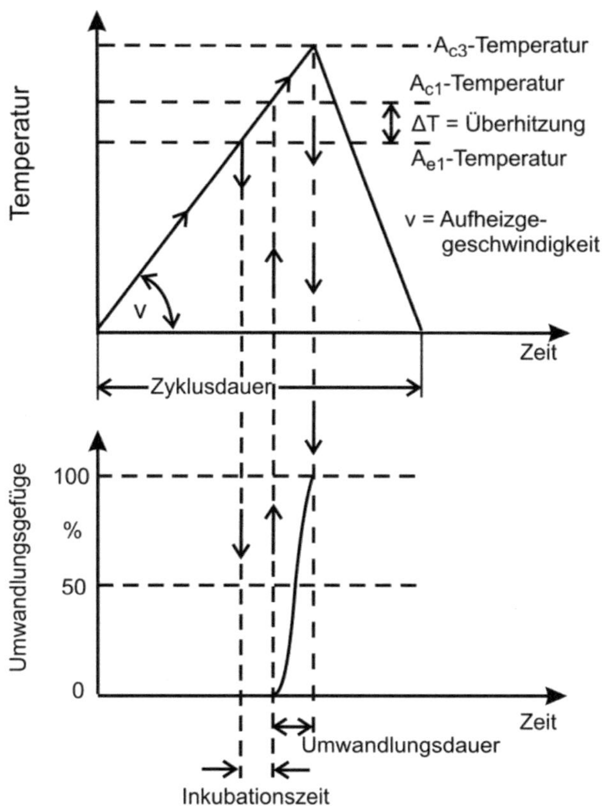

Abb. 2-10: Schematische Darstellung der Überhitzung aufgrund erhöhter Erwärmungsgeschwindigkeiten

In [74] wird ein funktionaler Zusammenhang zwischen der Überhitzung sowie der linearen Erwärmungsgeschwindigkeit gegeben, der in [75] anhand von Eisen mit niedrigem Kohlenstoffgehalten bestätigt wird:

$$\Delta A_{c1} = C \cdot v^{1/n}, \tag{2.5}$$

wobei $n \approx 3$ ist und ausschließlich der Parameter C den Einfluss des Ausgangsgefüges auf die Überhitzung wiedergibt. In [45] wird die Inkubationszeit t_0 (siehe Abb. 2-10) mit folgendem empirischen Ansatz definiert:

$$t_0 = b \cdot \Delta A_{c1}{}^{a}.$$

(2.6)

Darin spiegelt b den Einfluss der Stahlsorte wider und a wird mit einem Wert zwischen 2 und 4 angegeben.

Im Gegensatz zur A_{c1}-Temperatur ist die Verschiebung der A_{c3}-Temperatur zu höheren Temperaturen nicht eindeutig in der Literatur geklärt. Ein Abfall der A_{c3}-Temperatur bei höheren Erwärmungsgeschwindigkeiten (100-200 K/s) wird als Indiz für eine diffusionslose α/γ-Umwandlung gedeutet [63], [76], [77]. In [45] hingegen kommen die Autoren zu der Schlussfolgerung, dass die Austenitbildung bei unter- und übereutektoiden Stählen für Erwärmungsgeschwindigkeiten bis $1{,}25 \times 10^5$ K/s diffusionskontrolliert ablaufen.

In-situ-Untersuchungen zum Austenitisierungsverhalten verschiedener Stähle mittels Hochtemperatur-Konfokalmikroskopie sind in [46], [78], [79] zu finden. Am Beispiel Eisen konnte die grenzflächenkontrollierte Austenitbildung durch die entwickelte Analysetechnik in-situ messbar gemacht werden [80]. Weitere Untersuchungen bei erhöhten Erwärmungsgeschwindigkeiten zeigen, dass mit Überschreiten der T_0-Temperatur bei allen Kohlenstofflegierungen eine Zunahme der Grenzflächenfortbewegungsgeschwindigkeit zu beobachten ist. Ab dieser Temperatur ist aus thermodynamischer Betrachtung eine Massivumwandlung möglich. An ferritisch-perlitischen Ausgangsgefügen konnte bei einer maximalen Aufheizrate von 20 K/s gezeigt werden, dass die Fe-C-X-Legierungen einen Mechanismenwechsel von diffusions- zu grenzflächenkontrolliertem Wachstum beim Erreichen der T_0-Temperatur aufweisen.

Für den in dieser Arbeit verwendeten Werkstoff 42CrMo4 wird in [76] anhand experimenteller Ergebnisse darauf geschlossen, dass bei beschleunigten Erwärmungsgeschwindigkeiten ab 100-200 K/s eine diffusionslose Austenitbildung in Form der Massivumwandlung auftritt, die jedoch auch bei Erwärmungsgeschwindigkeiten von 600 K/s parallel zur diffusionskontrollierten Austenitbildung abläuft. Neuste Untersuchungen in [81] zeigen im Einklang mit [73] hingegen, dass die Umwandlungstemperaturen A_{c1} und A_{c3} kontinuierlich überhitzbar sind.

2.4.3 **Martensitbildung**

Die martensitische Härtung wird nach dem Austenitisierungprozess durch das Abschrecken ermöglicht. Die Abschreckgeschwindigkeit muss bis zum Erreichen der Martensitstarttemperatur M_S oberhalb der sogenannten kritischen Abschreckgeschwindigkeit liegen, um diffusionskontrollierte Umwandlungen zu unterbinden [82]. Die M_S-Temperatur kann mit Hilfe der Thermodynamik aus den freien Enthalpien der Austenitphase und der metastabilen Martensitphase hergeleitet werden. Bei der Temperatur T_0 sind die freien Enthalpien beider Phasen identisch, was durch den Schnittpunkt der Enthalpieverläufe (G_γ und G_M) in Abb. 2-11 gezeigt wird, wobei zur vereinfachten Darstellung ein linearer Verlauf der freien Enthalpien unterstellt wird.

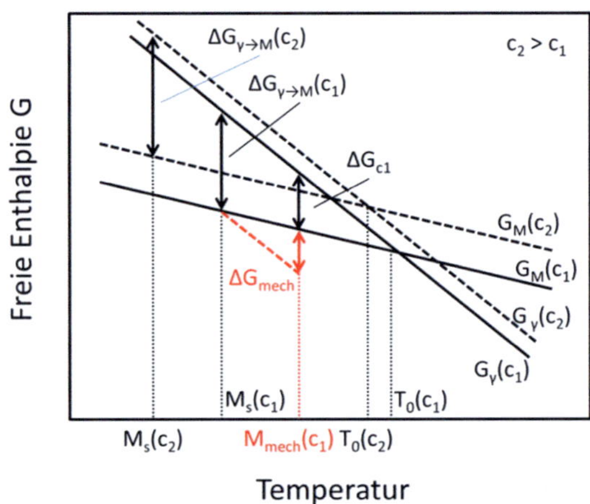

Abb. 2-11: Thermodynamische Betrachtung der martensitischen Umwandlung unter Berücksichtigung der Kohlenstoffkonzentration sowie einer mechanischen Belastung (z.B. thermische Spannungen) – schematische Darstellung

Ab dieser Temperatur ist die Martensitbildung thermodynamisch möglich. Das Einsetzen der Umwandlung tritt jedoch erst mit Erreichen der Triebkraft $\Delta G_{\gamma\to M}$ ein, weil die Bildung von Martensitkeimen sowie deren anschließendes Wachstum Energie zur Erzeugung von Grenzflächen, Gitterbaufehlern und elastischen Verzerrungen in Anspruch nimmt [83]. Die Triebkraft ergibt sich beim Unterkühlen unter die T_0 Temperatur ($\Delta T = T_0 - M_s$) durch die Enthalphiedifferenz $\Delta G_{\gamma \rightarrow M}$. Liegt während der Abkühlung eine Spannung vor, so kann diese zu einer Martensitbildung bei höheren Temperaturen führen, da sich die resultierende Triebkraft aus den thermodynamischen $\Delta G_{\gamma \rightarrow M}$ und mechanischen ΔG_{mech} Anteilen zusammensetzt und somit die zur Umwandlung benötigte Triebkraft schon bei höheren Temperaturen vorliegt [84].

Die M_s-Temperatur nimmt mit zunehmendem Kohlenstoffgehalt ab (siehe Abb. 2-11), da die freie Enthalpie $G_M(c_2)$ des Martensits stärker gegenüber des Austenits erhöht wird, was mit der Verzerrungsenergie zur Einlagerung der Kohlenstoffatome in den verschieden Kristallgittern zusammenhängt. Die Zunahme von $\Delta G_{\gamma \rightarrow M}(c_2)$ gegenüber einem niedrigeren Kohlenstoffgehalt beruht auf der Zunahme der Tetragonalität. Diese führt folglich zu einer größeren Verzerrung, die für die Abscherung während der martensitischen Umwandlung notwendig ist [85]. Die Mechanismen dieser Verformung sind Versetzungsgleiten oder Zwillingsbildung, welche zur Reduktion der Verzerrungsenergie führen [86]. Der Verformungsmechanismus hängt direkt mit dem Kohlenstoffgehalt und indirekt mit der M_s-Temperatur zusammen. Bei niedrigen Kohlenstoffgehalten liegt eine hohe M_s-Temperatur vor. Die für die Anpassverformung notwendige Einsatzspannung ist im Falle des Gleitens niedriger. Mit zunehmendem Kohlenstoffgehalt werden die Gleitprozesse behindert und die M_s-Temperatur sinkt ab, wohingegen die Gleitprozesse noch überwiegen. Ab einer gewissen Kohlenstoffkonzentration bzw. M_s-Temperatur treten die Anpassverformungen durch Zwillingsbildung in den Vordergrund, da deren Einsatzspannung nun unterhalb derer für Gleitung liegt, wie in Abb. 2-12 schematisch dargestellt ist [87].

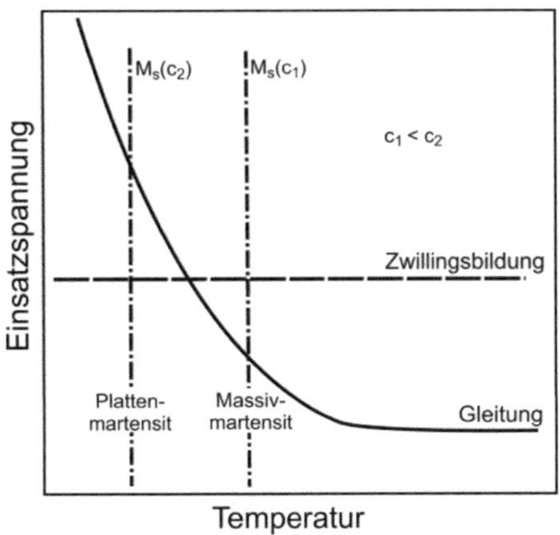

Abb. 2-12: Schematische Darstellung der Temperatur- bzw. Kohlenstoff-abhängigkeit der für Zwillingsbildung oder Gleitung benötigten Fließspannung [83]

Die resultierende Martensitmorphologie wird durch die beiden Abscher-prozesse charakterisiert. Bis 0,5 Ma.-% Kohlenstoff liegt Lattenmartensit mit einer hohen Versetzungdichte vor [83]. Darüber hinaus führt der gelös-te Kohlenstoff zu einer Absenkung der Martensitfinishtemperatur M_f bis unterhalb der Raumtemperatur. Die Folge ist Restaustenit und die Zwil-lingsbildung nimmt verstärkt zu.

Die M_s-Temperatur wird neben dem Kohlenstoff auch durch die Korngröße des Austenits beeinflusst. Diese steigt mit Zunahme der Korngröße [88], [89]. In [90] wird gezeigt, dass die Umwandlungsrate mit abnehmender Korngröße zu Beginn der Umwandlung höher ist und sich mit zunehmen-dem Martensitanteil an die Umwandlungsrate bei größeren Körnern an-passt. Der Einfluss des inhomogenen Austenits auf die martensitische Um-wandlung wird aus Abb. 2-13 ersichtlich. Aufgrund einer inhomogenen Verteilung des Kohlenstoffs im Gefüge liegen lokal unterschiedliche M_s-Temperaturen vor. In Karbiden gebundener Kohlenstoff führt zu einer Verminderung des gelösten Kohlenstoffs. Die Restaustenitmenge hängt von der Karbidauflösung bzw. Homogenisierung ab, da der hohe Kohlen-stoffgehalt um die Karbide zu einer Absenkung der M_s- und M_f-

Temperatur und zu einer Restaustenitzunahme führt. Die erreichbare Härte ist eine Funktion des Restaustenitgehalts und ist beim Übergang von vollständiger Karbidauflösung zur Homogenisierung am niedrigsten.

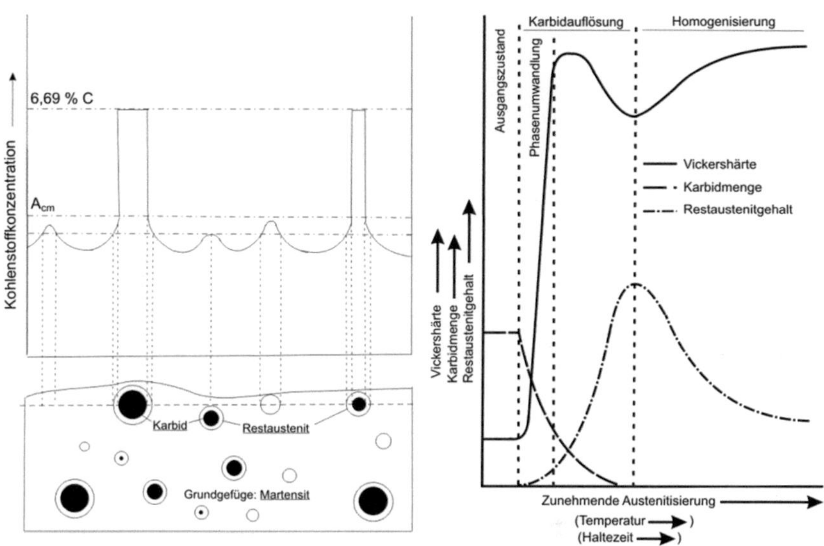

Abb. 2-13: Einfluss unvollständiger Kurzzeitaustenitisierung auf das resultierende Gefügen nach dem Abschrecken [64]

2.5 Umwandlungsplastizität während Austenitisierung

Die Umwandlungsplastizität ist ein Phänomen, welches in Zusammenhang mit einer Phasenumwandlung auftritt und zu einer anisotropen, inelastischen Verformung führt [91]. Liegt während einer Phasenumwandlung eine Spannung (z.B. hervorgerufen durch thermische Gradienten) vor, deren äquivalente Spannung unterhalb der Streckgrenze der weicheren Phase liegt, tritt trotzdem eine plastische Verformung auf. Dieses Phänomen wird grundsätzlich durch die beiden Ansätze von Greenwood-Johnson [92] und Magee [93] beschrieben. In der ersten Arbeit wird die Plastizierung darauf zurückgeführt, dass die weichere Phase während der Phasenumwandlung die Volumenänderung durch plastische Verformung kompensiert. Hieraus leiten die Autoren folgenden Zusammenhang ab [92]:

$$\varepsilon^{tp} \sim \frac{5}{6} \cdot \frac{\sigma \cdot (\Delta V/V)}{R_{es}^{A}}, \tag{2.7}$$

wobei ε^{tp} die umwandlungsplastische Dehnung (TRIP-Dehnung), σ die uniaxiale Spannung, $\Delta V/V$ die Volumenänderung und R_{es}^{A} die Streckgrenze der weicheren Phase sind. Hieraus wird ersichtlich, dass die umwandlungsplastische Dehnung linear mit der Spannung steigt. Dies gilt jedoch nur bis zur Hälfte der Streckgrenze der weicheren Phase, weil die Vernachlässigung nichtlinearer Terme bei der Herleitung von Gleichung (2.7) darauf beruht, dass $\varepsilon^{tp} < \Delta V/V$ gilt und dies bei höheren Spannungen nicht mehr gewährleistet ist. In [94] wird auf die Berücksichtigung des nichtlinearen Verlaufs bei höheren Spannungen näher eingegangen. Außerdem wird in [92] angemerkt, dass die umwandlungsplastische Dehnung keinen Einfluss auf das Verfestigungsverhalten hat. In Magee's Arbeit wird ausschließlich die martensitische Umwandlung betrachtet. Dabei wird die Umwandlungsplastizität durch die Ausrichtung der Martensitplatten in Richtung der angelegten Spannung und der daraus resultierenden erhöhten Scherung des Austenits begründet, da bei einer spannungsfreien Umwandlung mit einer stochastischen Orientierung zu rechnen wäre. Eine ausführliche Beschreibung der Mechanismen sowie deren mikromechanische Beschreibung kann in [95], [96] gefunden werden.

Obwohl Greenwood und Johnson schon im Jahre 1965 die umwandlungsplastische Dehnung während der Austenitisierung an einem C40 bestimmten, wird deren Einfluss in der numerischen Prozessmodellierung erst seit 2010 explizit berücksichtigt [97]. In [98] wird neben der experimentellen Bestimmung der Umwandlungsplastizitätskonstante K während der bainitischen sowie martensitischen Umwandlung auch jene während der Austenitbildung bestimmt. Zur Bestimmung wird die Probe kurz vor der Phasenumwandlung belastet und vor Umwandlungsende wieder entlastet. Es wird davon ausgegangen, dass kein Kriechen auftritt. Die Auswertung liefert eine lineare Zunahme der TRIP-Dehnung mit Zunahme der Spannung. Außerdem ist die Umwandlungsplastizitätskonstante während der Austenitisierung im Vergleich zur Martensitbildung deutlich größer.

Die Entwicklung der umwandlungsplastischen Dehnung während der Phasenumwandlung wird in der Literatur als nichtlinear angenommen und überwiegend durch das Model nach Leblond beschrieben [99]:

$$\dot{\varepsilon}_{ij}^{tp} = \frac{3}{2} \cdot K \cdot s_{ij} \cdot \phi'(f) \cdot \dot{f},$$ (2.8)

wobei ε_{ij}^{tp} der umwandlungsplastische Dehnungstensor, K die Umwandlungsplastizitätskonstante, s_{ij} der Spannungsdeviator, $\phi(f)$ die Sättigungsfunktion und f die sich neu bildende Phase darstellen. In der Literatur sind verschiedene Ansätze für die Sättigungsfunktionen zu finden [100]. In [101] wird davon ausgegangen, dass die Sättigungsfunktion neben der sich neu bildenden Phase auch von dem Spannungsdeviator abhängen muss.

Basierend auf einem für diffusionskontrollierte Umwandlungen entwickelten Ansatz [102], wird in [103] das plastische Verhalten unter Druckbelastung während der Austenitisierung beschrieben. Die Umwandlungsplastizität wird durch ein beschleunigtes Kriechmodell dargestellt, welches auf Coble-Kriechen basiert und sich somit auf Leerstellendiffusion zurückführen lässt:

$$\dot{\varepsilon}^{tp} = \frac{1}{3} \frac{d_0}{\delta_i} \frac{df}{dt} \frac{\sigma \Omega_v}{kT} \cdot c_{V0} \cdot exp\left[-\frac{Q_v}{kT}\right],$$ (2.9)

wobei d_0 die Anfangskorngröße, δ_i die Grenzflächenbreite, f die neu bildende Phase, σ die anliegende Spannung, Ω_v das Leerstellenvolumen und c_{V0} die anfängliche Anzahl der Leerstellen sind. Das Modell kombiniert das Konzept der induzierten Umwandlungsplastizität aufgrund der Umwandlungsgrenzflächenwanderung (Migration of Transformation Interface induced Plasticity) mit der Umwandlungskinetik. Dieses Modell basiert nicht auf dem Konzept der inneren Spannungen, die in Folge von Volumenänderungen wie bei Greenwood-Johnson auftreten, sondern auf Diffusionsmechanismen entlang der Grenzfläche.

In [104] werden Austenitisierungsversuche unter elastischer Druckbelastung an einer Fe-2.96 at.% N-Legierung durchgeführt. Hierbei stellen die Autoren fest, dass eine Erhöhung der Last eine Verschiebung der Umwandlungstemperaturen zu höheren Temperaturen sowie eine Verkürzung der Umwandlungsdauer bewirkt. Der Grund für dieses zunächst widersprüchliche Verhalten ist die einachsige Belastung [105]. Eine Druckspannung müsste die Umwandlung aufgrund der Volumenabnahme dem zufolge beschleunigen. Die Behinderung der Umwandlung in den zur Belastungsrichtung parallelen Hauptrichtungen (radial bei zylindrischer Probe) überwiegt jedoch, so dass eine Verschiebung in entgegengesetzter Richtung messbar wird. Dieses Verhalten gilt allerdings nur unter einachsiger Belastung der Probe.

Bei Untersuchungen zum Einfluss der Umwandlungsplastizität während der Austenitbildung beim Einsatzhärten kommen die Autoren in [97] zu der Erkenntnis, dass diese keinen signifikante Größe hinsichtlich der Spannungsentwicklung dargestellt. Während des Austenitsierungsprozesses werden jegliche Spannungen durch Kriechen abgebaut. Bei der Berechnung des Verzugsverhaltens hingegen kann die Vernachlässigung zu größeren Fehlern führen, weil sich die inelastischen Dehnungen direkt auf das Verzugsverhalten auswirken.

In [106] wird ausführlich auf die Bestimmung der Umwandungsplastizität während der Austenitisierung eingegangen. Aufgrund der relativ niedrigen Erwärmungsgeschwindigkeiten von maximal 5 K/s, die zur Vermeidung von Temperaturgradienten erforderlich sind, tritt während der Beanspruchung Kriechen auf. Mit sinkender Erwärmungsgeschwindigkeit sowie höheren Lasten tritt verstärkt Kriechen auf. In der beschrieben Vorgehensweise werden Kriechversuche für die verschiedenen Phasenanteile durchgeführt. Bei der Auswertung werden die Kriechanteile mit Hilfe eines entsprechenden Kriechmodells herausgerechnet. Die Temperaturabhängigkeit des Kriechmodells wird für die Extrapolation während der Phasenumwandlung genutzt. Durch Subtrahieren der elastischen und kriechbedingten Dehnung sowie unter Zuhilfenahme der spannungsfeien Dilatometerkurve kann die Entwicklung der Umwandlungsplastizität bestimmt werden. Modelle zur Beschreibung der zeitlichen Entwicklung der Umwandlungsplastizität werden unter anderem in [100] diskutiert. Zur Modellierung der Kriechdehnung, als auch zur umwandlungsplastischen Dehnung, wird auf einen Ansatz, der die Rückspannung berücksichtigt, zurückgegriffen. In [101] werden die Vorteile eines solchen Modells diskutiert.

2.6 Numerische Modellierung

Die numerische Modellierung industrieller Prozesse ist von großer Bedeutung, da dadurch der Prozess in seiner zeitlichen Entwicklung abgebildet werden kann. Hieraus lassen sich Entwicklungsstrategien ableiten sowie ein tieferes Prozessverständnis entwickeln, wodurch Zusammenhänge zwischen Prozessparametern und Bauteileigenschaften zu korreliert werden können. Dies wird am Beispiel Verzug in [107] gezeigt.

2.6.1 **Wärmebehandlung**

Die numerische Modellierung der Wärmebehandlung beschränkte sich lange ausschließlich auf den Abschreckprozess, da dort die Hauptursache des Verzugs sowie der resultierenden Eigenspannungsverteilung gesehen wurde [108–110]. Seit einigen Jahren hat sich etabliert, dass der Austenitisierungs- bzw. Erwärmungsprozess auch Einfluss auf den Verzug haben können [97], [111]. [112] gibt eine Übersicht der wichtigsten Arbeiten in diesem Bereich und zeigt die stetige Entwicklung auf.

Die Modellierung der Wärmebehandlung besteht grundsätzlich darin, die physikalischen Zusammenhänge in Folge thermischer Einwirkung hinsichtlich des mechanischen Verhaltens unter Berücksichtigung von Phasenumwandlung abzubilden. Hieraus ergeben sich drei physikalische Felder, die während der Wärmebehandlung miteinander in Verbindung stehen, wie in Abb. 2-14 dargestellt.

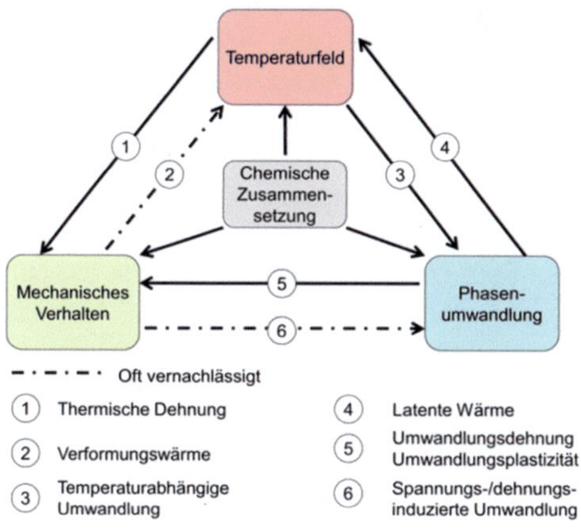

Abb. 2-14: Graphische Darstellung der physikalischen Interaktionen während der Wärmebehandlungssimulation

Lokale Temperaturunterschiede führen zu thermischen Spannungen (1). Überschreiten die Spannungen die Streckgrenze, kommt es aufgrund der Plastizierung zu einer Wärmeentwicklung (2). Diese wird grundsätzlich nicht berücksichtigt, da die plastischen Dehnungen während einer Wärmebehandlung mit ungefähr 2 % relativ klein ausfallen [113]. Auf der anderen Seite treten durch die Temperaturänderung Phasenumwandlungen auf (3). Während der Erwärmung muss hierfür zusätzlich Wärme zugeführt sowie beim Abschrecken kompensiert werden (4). Dies liegt in der Änderung der Kristallstruktur begründet und wird durch entsprechende Umwandlungswärmen abgebildet. Zusätzlich zu den thermischen Dehnungen treten während der Phasenumwandlung Umwandlungsdehnungen auf (5). Diese können in reine Umwandlungsdehnungen aufgrund der Dichteänderung sowie in Dehnungen aufgrund der Umwandlungsplastizität unterschieden werden. Spannungen beeinflussen wiederum die Phasenumwandlungen (6).

In [114] wird davon ausgegangen, dass nur der deviatorische Spannungsanteil Einfluss auf diffusionskontrollierte Perlitbildung hat. Bei der martensitischen Umwandlung bewirkt der hydrostatische Druck eine Absenkung der M_S-Temperatur, da die Volumenzunahme behindert wird. Unter einachsiger, elastischer Beanspruchungen im Zug- oder Druckbereich wird die M_S-Temperatur hingegen erhöht und kann durch das Zusammenspiel der Scherspannungskomponente und der Scherverformung erklärt werden [115]. Neben der Spannung wirkt sich auch die plastische Dehnung auf die M_S-Temperatur aus, da eine Verfestigung des Austenits durch eine vorangegangene Plastizierung zur Austenitstabilisierung führen kann, was sich in einer Verschiebung zu einer niedrigeren M_S-Temperatur ausdrückt [84]. In [116] wird angenommen, dass der Einfluss auf die M_S-Temperatur ausschließlich von dem Spannungszustand herrührt, da die auftretenden plastischen Dehnungen zu verhältnismäßig kleinen Absenkungen der M_S-Temperatur führen. Spannungen nahe der Streckgrenze des Austenits hingegen führen zu einem deutlich stärkeren Anstieg der M_S-Temperatur. Modelle zur Berücksichtigung des Korngrößeneinflusses auf die Umwandlungskinetik können unter anderem in [111], [117], [118] gefunden werden.

Besonders bei der Betrachtung thermochemischer Prozesse ist der Einfluss der chemischen Zusammensetzung zu beachten, da neben dem Umwandlungsverhalten auch die mechanischen sowie thermophysikalischen Eigenschaften davon abhängig sind [119].

Für die Berechnung des Verzugs spielt zudem die Anisotropie aufgrund von Inhomogenitäten in Form von Seigerungen eine Rolle [97], [120–122].

Außerdem wird dem während des Austenitisierungsprozesses stattfindenden Kriechens in [97], [122] eine weitaus größere Rolle bezüglich seines Verzugspotentials zugesprochen, als zuvor angenommen wurde. Eine Zunahme der Duktilität sowie der Maßgenauigkeit wird durch einen Anlassprozess nach dem Härten erreicht. Obwohl dieser Prozessschritt im Grunde zur Wärmebehandlungsmodellierung dazugehört und Einfluss auf den Verzug haben kann, wird dieser Aspekt nur in [123] berücksichtigt.

2.6.2 **Induktive Randschichthärtung**

Die numerische Modellierung der induktiven Randschichthärtung unterscheidet sich von der konventionellen Wärmebehandlung ausschließlich durch die hohen Aufheizraten wie beim Laser- oder Elektronenstrahlhärten, sowie der Art der Wärmeeinbringung. Letzteres macht die Modellierung deutlich komplizierter, da nicht wie beim Laser- oder Elektronenstrahlhärten mit einer analytischen Lösung der Temperaturverteilung [124] oder einer Energieverteilung [71] als Randbedingung gearbeitet werden kann. Aus diesem Grund muss eine zusätzliche Kopplung zwischen dem elektromagnetischen und thermischen Feld erfolgen, und die Wärmequellen müssen durch Lösung der Maxwell´schen Gleichungen bestimmt werden. Hieraus ergeben sich weitere Zusammenhänge, wie in Abb. 2-15 dargestellt.

Die induzierten Wärmequellen (7) werden durch Ohm´sche Verluste aufgrund der Wirbelströme hervorgerufen. Durch die Erwärmung (8) ändern sich die elektromagnetischen Eigenschaften und somit auch die Verteilung der induzierten Wirbelströme. Untersuchungen zum Einfluss des Magnetfeldes auf die Phasenumwandlung (9) bzw. die entstehenden Morphologien sind in der Literatur zu finden [125], [126]. Diese beziehen sich jedoch ausschließlich auf die Abkühlung. Die erforderlichen Magnetfelder sind dabei deutlich höher als die hier relevanten. Die Phasenumwandlung beeinflusst das elektromagnetische Feld (10) durch den Übergang vom ferromagnetischen zum paramagnetischen Zustand nicht direkt. Die Verzerrung des Kristallgitters würde jedoch bei einem martensitischen Ausgangsgefüge zu einer Verringerung der magnetischen Permeabilität führen, da der Magnetisierungsprozess erschwert wird [127]. Außerdem wirkt sich die Versetzungsdichte auf den elektrischen Widerstand aus. Die Einwirkung plastischer Verformungen auf die magnetischen Eigenschaften wurde in [128] untersucht. Neben der plastischen Verformung führen auch Spannungen (12) aufgrund des magnetomechanischen Effekts zu einer Beeinträchtigung der magnetischen Permeabilität, die wiederum eine Änderung der Erwärmung bedingen kann [129].

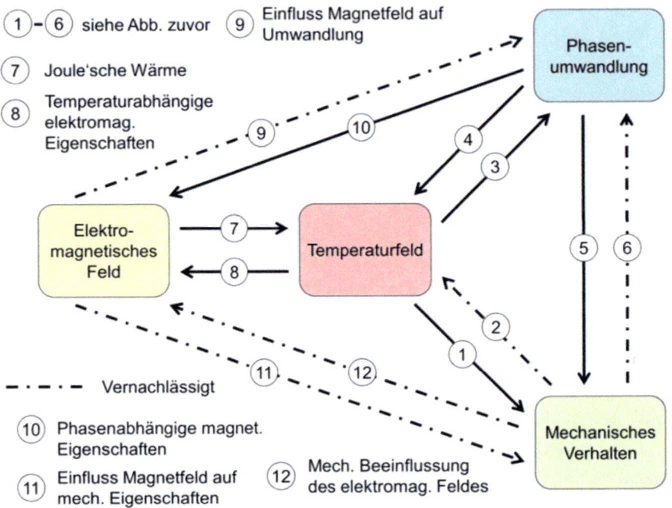

Abb. 2-15: Graphische Darstellung der induktiven Randschichthärtung und deren Integration in die konventionelle Modellierung der Wärmebehandlung

Eine Vielzahl an Veröffentlichungen thematisiert die numerische Modellierung der induktiven Randschichthärtung [130–142]. Melander untersuchte die Stand- und Vorschubhärtung sowie deren Wirkungen auf die Eigenspannungsentwicklung [137], [138]. Neben den magnetischen Eigenschaften wurde auch die Verschiebung der Umwandlungstemperatur aufgrund hoher Aufheizraten implementiert [143]. In [131] wird die induzierte Leistung mittels der Randelementemethode (BEM) berechnet und die thermomechanische Kopplung mit der FEM gelöst. Unter Verwendung der BEM ist eine Vernetzung der Umgebungsluft wie bei der FEM nicht nötig, was zu einer sehr zeiteffizienten Berechnung führt [144]. Magnabasco et al. simulieren die induktive Härtung zylindrischer Proben im Zeitbereich. Hierzu wird für die magnetische Berechnung die Simulation in Unterschritte aufgeteilt, die eine Diskretisierung der Frequenz sowie der nichtlinearen

Abhängigkeiten erlauben. Der Abgleich mit Experimenten hinsichtlich der Härtetiefenverläufe zeigt eine gute Übereinstimmung. Coupard et al. berechnen die Eigenspannungsverteilung in zylindrischen Proben nach der induktiven Randschichthärtung, wobei neben der magnetischen Nichtlinearität auch ein Austenitisierungsparameter berücksichtigt wird. Die Übereinstimmung zwischen gemessenen und berechneten Eigenspannungen ist besonders bei Tiefen kleiner 1/10 des Probendurchmessers gut. Die Abweichungen tieferliegender Eigenspannungswerte werden neben der Problematik des Materialabtrags auf die verwendeten Materialdaten sowie die Vernachlässigung der Umwandlungsplastizität zurückgeführt. Eine interessante Weiterentwicklung stellt die Arbeit von Takagaki und Toi dar, die ein analytisches Schädigungsmodel nach Lemaitre und Chaboche implementieren, um eine mögliche Rissinitierung aufgrund innerer Spannungen vorhersagen zu können [139].

Die erste Zweifrequenzsimulation an einem Zahnradausschnitt wird in der Arbeit von Inoue präsentiert. Die Frequenzen werden in dieser Arbeit nicht simultan, sondern nacheinander berücksichtigt. Anhand der Simulationen kommen die Autoren zu der Schlussfolgerung, dass der Verzug durch die Zweifrequenzerwärmung geringer gegenüber einer konventionellen Einfrequenzerwärmung ist, da eine konturtreuere Härtung unter der Verwendung zweier verschiedener Frequenzen möglich ist. Ein Vergleich zwischen Experiment und Simulation zeigt Tendenzen auf, jedoch kann nicht von einer guten Übereinstimmung gesprochen werden.

Ein wichtiger Beitrag im Bereich der Modellierung der induktiven Zweifrequenz stellt die Arbeit von Wrona dar [140]. Die elektromagnetisch-thermische Modellierung wird mit einer Optimierung gekoppelt, wodurch die optimalen Frequenzen in Abhängigkeit eines geforderten Temperaturprofiles ermittelt werden können. Die Umsetzung der pseudo-simultanen Zweifrequenzerwärmung wird durch eine Art Treppenfunktion realisiert. Die Ergebnisse geben einen besseren Einblick in die zeitliche Wärmequellenverteilung. Dieser Lösungsansatz führt allerdings zu einer Oszillation der Temperatur, die sich negativ auf die Phasenumwandlung auswirken kann. In [136] wird der gleiche Ansatz für die Modellierung der Zweifrequenzerwärmung verwendet.

3.   Versuchswerkstoff, Versuchseinrichtungen und Versuchsdurchführung

3.1   Versuchswerkstoff

Die durchgeführten Experimente dienen neben der Bestimmung von Eingabedaten für das Werkstoff- und Prozessmodell auch als Validierungsgrößen. Für alle Experimente wurde der Vergütungsstahl 42CrMo4 mit der chemischen Zusammensetzung aus Tabelle 3-1 verwendet. Der Werkstoff liegt in einem vergüteten Ausgangszustand mit einer Mikrohärte von 370 HV01 vor.

Chemische Zusammensetzung in Ma.-%									
C	Si	Mn	P	S	Cr	Ni	Mo	Sn	Al
0,425	0,309	0,702	0,019	0,013	1,014	0,098	0,198	0,013	0,021

Tabelle 3-1: Chemische Zusammensetzung des untersuchten
Vergütungsstahles 42CrMo4

Die Einstellung des Ausgangsgefüges erfolgte durch eine Austenitisierung bei 860 °C für 30 min mit anschließender Ölabschreckung. Der Anlassprozess wurde bei 570 °C für 3 h durchgeführt und anschließend erfolgte eine Ofenabkühlung auf Raumtemperatur. Wie aus der lichtmikroskopischen Aufnahme in Abb. 3-1(a) zu entnehmen ist, liegt ein Vergütungsgefüge mit feinverteilten Ferritkörnern vor, die die ehemalige Martensitstruktur erahnen lassen. Im Folgenden wird das Ausgangsgefüge als ferritisch-karbidisch (F/K) bezeichnet. Untersuchungen mit dem Rasterelektronenmikroskop (b) zeigen die Ferritmatrix mit den vorhandenen Karbiden. Die stabförmigen Karbide sind vom Typ Fe_3C (mit I gekennzeichnet), wohingegen die Mischkarbide aufgrund der Legierungselemente Cr, Mo sowie Mn in globularer Form (mit II gekennzeichnet) vorliegen.

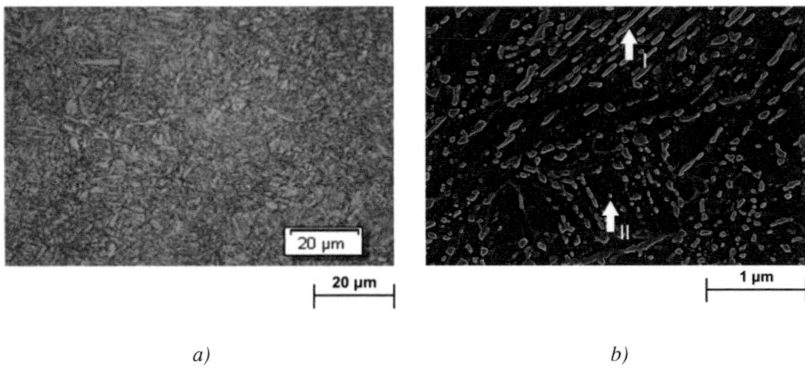

Abb. 3-1: Lichtmikroskopische (a) und rasterelektronenmikroskopische (b) Aufnahme des ferritisch-karbidischen Ausgangsgefüges des verwendeten Werkstoffes 42CrMo4

3.2 Probengeometrien

3.2.1 Induktionshärteexperimente

Für die Induktionshärteversuche wurden zylindrische Proben aus 42CrMo4 verwendet. Die Proben wurden aus Stangenmaterial mit einem Durchmesser von 25 mm durch Drehen hergestellt. Für die Temperaturmessung wurden in die Proben über Funkenerosion Bohrungen eingebracht, wie in Abb. 3-2 dargestellt. Die Anordnung der Bohrungen zueinander dient der Minimierung ihres gegenseitigen Einflusses bei der Temperaturmessung.

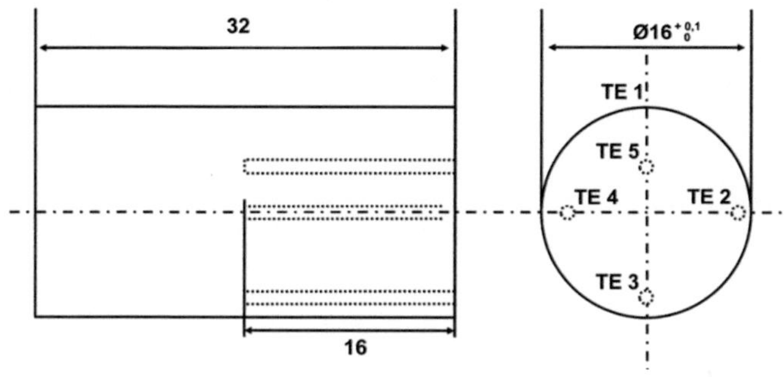

Abb. 3-2: Probengeometrie der zylindrischen Proben für die
Induktionshärteversuche

Über Vorversuche wurden die Positionen der Bohrungen für die Mittel-,
Hoch- und Zweifrequenzversuche festgelegt, wie in Tabelle 3-2 aufgelistet.
Die Abmessungen geben die Distanz von der Probenoberfläche bis zur
Bohrungsmitte wieder.

	TE1	TE2	TE3	TE4	TE5
Mittelfrequenz	Oberfläche	0,7 mm	1,2 mm	1,7 mm	4,0 mm
Hochfrequenz	Oberfläche	0,7 mm	0,9 mm	1,1 mm	4,0 mm
Zweifrequenz	Oberfläche	0,7 mm	0,9 mm	1,1 mm	4,0 mm

Tabelle 3-2: Positionierung der Thermoelemente für Temperaturmessung

3.2.2 Dilatometerversuch

Dilatometerversuche wurden mit verschiedenen Probengeometrien durchgeführt. Zur Bestimmung von Umwandlungsdehnungen sowie den thermischen Ausdehnungskoeffizienten wurden zylindrische Hohlproben (vgl.
Abb. 3-3) verwendet.

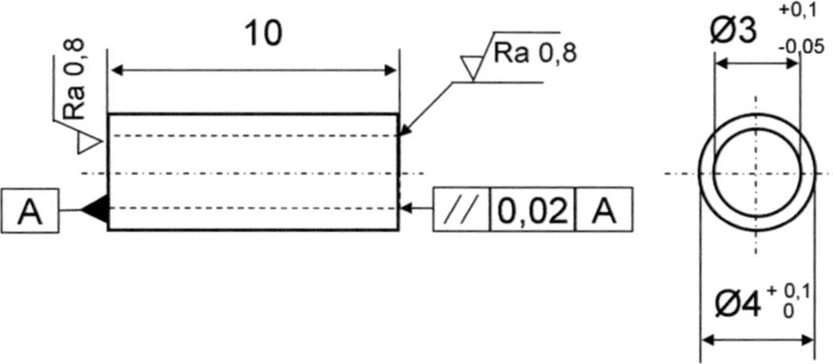

Abb. 3-3: Dilatometerprobe zur Bestimmung der Umwandlungsdehnung und der thermischen Ausdehnungskoeffizienten

Für Austenitisierungsversuche unter Belastung wurden zylindrische Vollproben mit verschiedenen Durchmessern verwendet (vgl. Abb. 3-4 und Abb. 3-5).

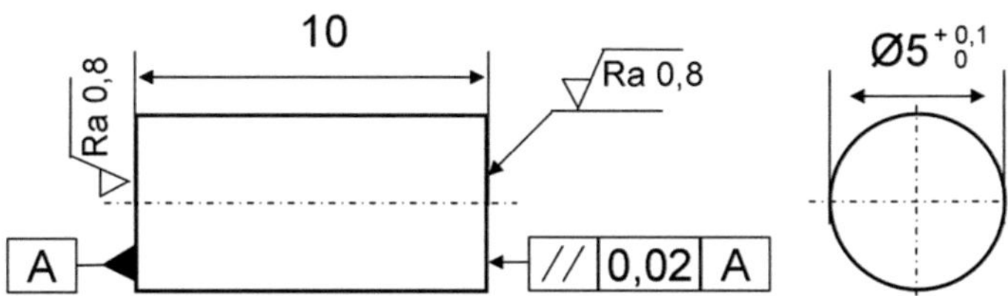

Abb. 3-4: Druckprobe mit 5 mm Durchmesser

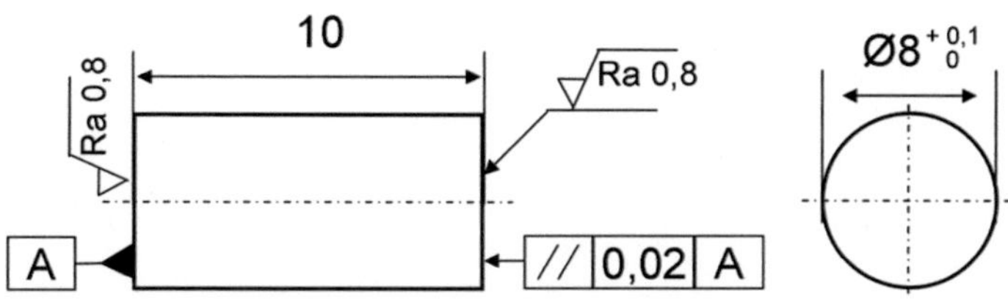

Abb. 3-5: Druckprobe mit 8 mm Durchmesser für Belastungen bei - 5 MPa

3.2.3 DSC Versuch

Für die dynamische Differenzkalorimetrie wurde eine zylindrische Probe
mit den Abmessungen aus Abb. 3-6 verwendet.

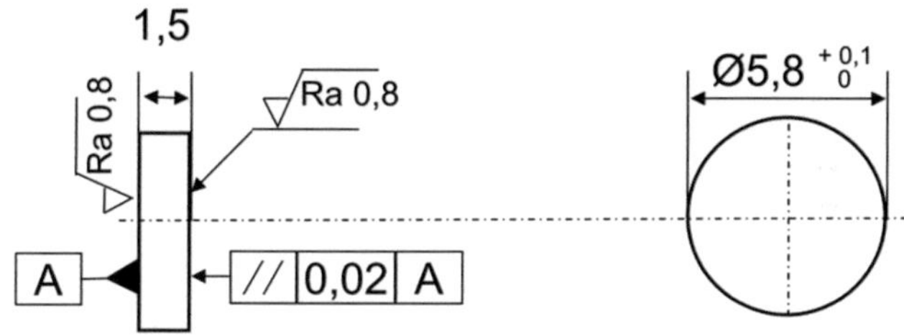

Abb. 3-6: Probengeometrie zur Messung der spezifischen Wärmekapazität

3.2.4 Warmzugversuch

Die Bestimmung der Fließkurven für den Ausgangszustand bis 500 °C
wurden mit Warmzugproben wie in Abb. 3-7 gezeigt durchgeführt.

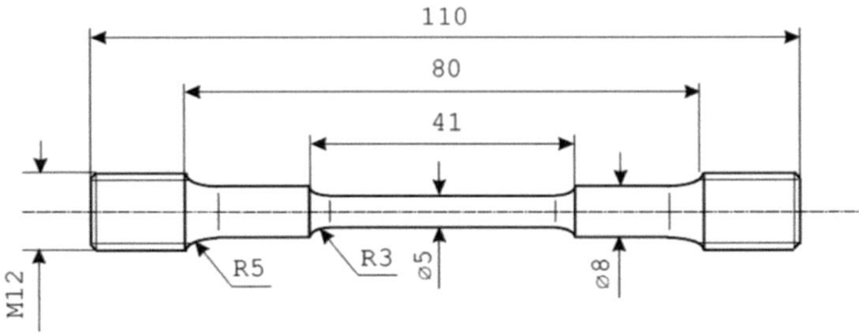

Abb. 3-7: Probengeometrie für Warmzugversuche

Die Fließkurven des unterkühlten Austenits wurden mit der Probengeometrie aus Abb. 3-8 ermittelt. Die Wandstärke im Messbereich beträgt 1 mm.

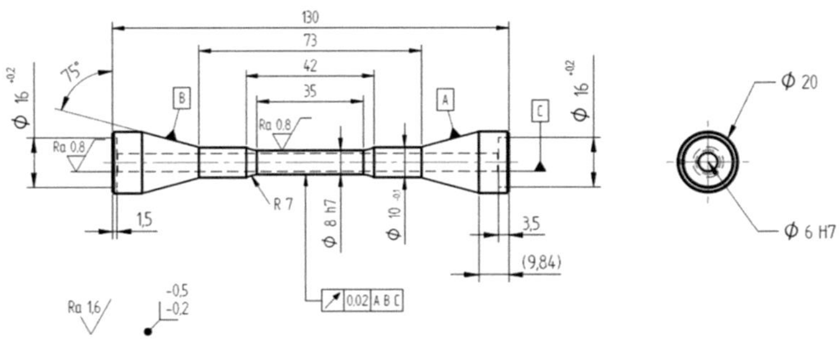

Abb. 3-8: Probengeometrie zur Bestimmung der Fließkurven von
unterkühltem Austenit

3.2.5 Magnetisierungskurven

Die Bestimmung der magnetischen Eigenschaften wurden an einer Ringprobe mit den Abmessungen aus Abb. 3-9 durchgeführt.

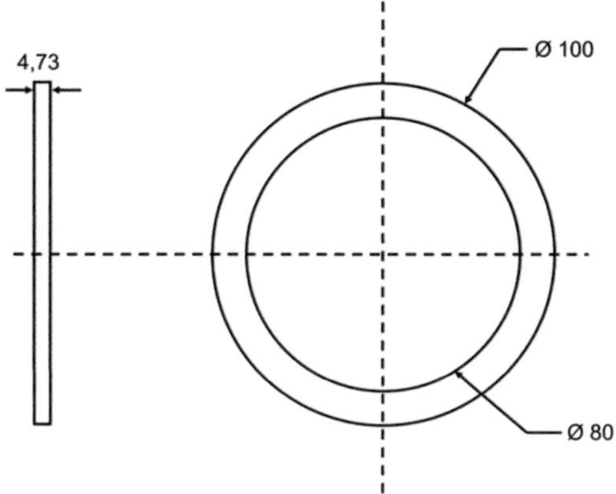

Abb. 3-9 Ringprobe zur Bestimmung der Magnetisierungskurven

3.3 Versuchseinrichtung und -durchführung der Induktionshärteexperimente

Die Induktionshärteversuche wurden in Zusammenarbeit mit der Firma Eldec Schwenk Induction GmbH durchgeführt. Zur Verfügung stand eine SDF 450 kW Zweifrequenzhärteanlage mit 250 kW Hochfrequenzleistung (HF) und 200 kW Mittelfrequenzleistung (MF). Die Versuchsanlage ermöglicht sowohl eine separate als auch eine simultane Erwärmung mit den jeweiligen Leistungsanteilen. Für die Versuche wurde eine spezielle Regelung verwendet, mit der eine stromgeregelte Durchführung der Experimente ermöglicht wurde. Hierzu musste extra ein sogenanntes „Steuerprint" angefertigt werden. Die Charakterisierung der Induktorströme für MF und HF wurde mittels Heizzyklen unterschiedlicher Stromvorgabe durchgeführt. Die Strommessung erfolgte mittels einer Rogowski-Spule Typ CWT 30XB der Firma Power Electronic Measurements Ltd und die Datenaufzeichnung mit einem Oszilloskop vom Typ TPS2024 der Firma Tektronix Inc. Der schematische Aufbau des Generators sowie der Messstelle zur Erfassung des Induktorstroms kann Abb. 3-10 entnommen werden. Alle Messungen wurden automatisch ab einem Triggerwert von 120 Ampere über das Oszilloskop ausgelöst. Eine Messung direkt am Induktor war aufgrund des geringen Koppelabstandes sowie der Bauweise des verwendeten Induktors nicht möglich gewesen. Jedoch kann davon ausgegangen werden, dass der gemessene Strom nur unwesentlich vom Induktorstrom abweicht.

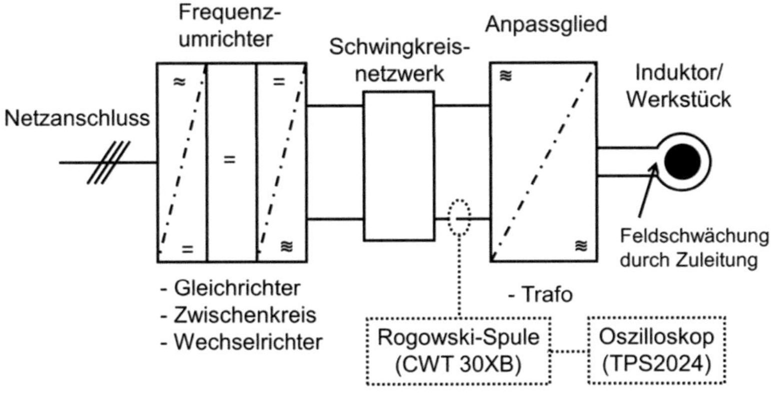

Abb. 3-10: Schematische Darstellung des Generatoraufbaus sowie Messstelle zur Erfassung des Induktorstroms

Die Versuche zur Bestimmung des Induktorstroms wurden separat zu den Induktionshärteversuchen durchgeführt. Für die Versuche zur Strommessung wurden die Proben aus Abb. 3-2 verwendet, um die Prozessparameter mit der erreichbaren Temperatur in Verbindung zu bringen. Die Temperaturmessungen im Bauteilinneren wurden mit Mantelthermoelementen Typ K (NiCr-Ni) mit einem Durchmesser von 0,5 mm durchgeführt. An der Oberfläche (TE1 in Abb. 3-2) wurde ein Typ K-Thermodraht mit 1 mm Durchmesser angeschweißt. Basierend auf diesen Messungen wurden verschiedene Härteparameter für Mittel-, Hoch- und Zweifrequenzhärtungen (ZF) ausgewählt, die in Tabelle 3-3 aufgelistet sind. Die Stromkalibration musste durchgeführt werden, wie noch dargestellt wird, da durch die Verwendung des speziellen Steuerprints nur eine Vorgabe in Prozent möglich gewesen ist, da im Normalbetrieb eine Leistung in Prozent der maximalen Leistung der Anlage für die jeweilige Frequenz vorgegeben wird. Für den

Versuch ZF9,32/1,18_500 wurde keine Temperaturmessungen, jedoch eine Bauteilcharakterisierung durchgeführt. Die Wahl der Heizzeiten wurde in Anlehnung an die vorhandenen Versuchsdaten aus [81] mit Erwärmungsgeschwindigkeiten $\geq$ 1000 K/s ausgewählt und stimmen mit den verfahrenstypischen Heizzeiten der Zweifrequenzhärtung überein, die in [19] mit unter 1000 ms angegeben werden.

Bezeichnung	Frequenz [kHz]		Vorgabe Strom [%]		Strom kalibriert [kA]		Heizzeit [ms]
	MF	HF	MF	HF	MF	HF	
MF7,49_1000	12	-	32	-	7,49	-	1000
MF12,5_500	12	-	51	-	12,5	-	500
MF12,5_400	12	-	51	-	12,5	-	400
HF2,42_1000	-	325	-	45	-	2,42	1000
HF3,45_500	-	325	-	65	-	3,45	500
HF4,16_400	-	325	-	80	-	4,16	400
ZF9,32/1,18_500	12	325	40	20	9,32	1,18	500
ZF6,73/2,21_1000	12	325	30	40	6,73	2,21	1000
ZF6,73/2,73_500	12	325	30	50	6,73	2,73	500
ZF6,73/3,24_400	12	325	30	60	6,73	3,24	400

Tabelle 3-3: Bezeichnung der Versuchsvariationen mit Prozessparametervorgaben

Während den Temperaturmessungen können die Proben nicht rotiert werden. Zur Reduzierung der inhomogenen Erwärmung, hervorgerufen durch die Feldschwächung an der Zuleitung der Heizspule (siehe Abb. 3-10), wurde darauf geachtet, die Messpositionen durch geeignete Probenpositionierung möglichst weit entfernt von dieser zu platzieren. Indessen wurden die Proben während der Härteversuche mit einer Drehzahl von 800 U/min rotiert, die beim Abschrecken auf 50 U/min reduziert wurde. Als Polymerkonzentrat wurde SERVISCOL 98 der Firma Burgdorf GmbH und Co. KG Abschreckhärtetechnik eingesetzt. Der Polymergehalt des Abschreckmittels betrug 8% bei einer Temperatur von 28 °C und einem Durchfluss von 20 l/min.

Der schematische Versuchsaufbau ist Abb. 3-11 zu entnehmen. Der Koppelabstand a zwischen der Probe und dem Induktor betrug 2,25 mm. Die Induktorhöhe entspricht der Probenlänge und beträgt 32 mm. Der Wasserkanal dient zur Kühlung der Kupferspule, die während des Härteprozesses aufgrund der Ohm'schen Verluste sowie Wärmestrahlung/-konvektion einer thermischen Belastung ausgesetzt ist. Die Heizspule wird von einem magnetischen Feldkonzentrator umschlossen und besteht aus Ferrotron 559H der Firma Fluxtrol Inc. Zur Abschreckung werden Heizspule und Abschreckbrause mit einer Verfahrgeschwindigkeit von 10.000 mm/min in die entsprechende Abschreckposition nach unten verfahren. Die resultierende Abschreckverzögerung beträgt ca. 0,5 Sekunden. Die Abschreckdauer betrug 20 Sekunden, um einen vollständigen Temperaturausgleich auf RT zu gewährleisten. Die Proben wurden im Anschluss nicht angelassen.

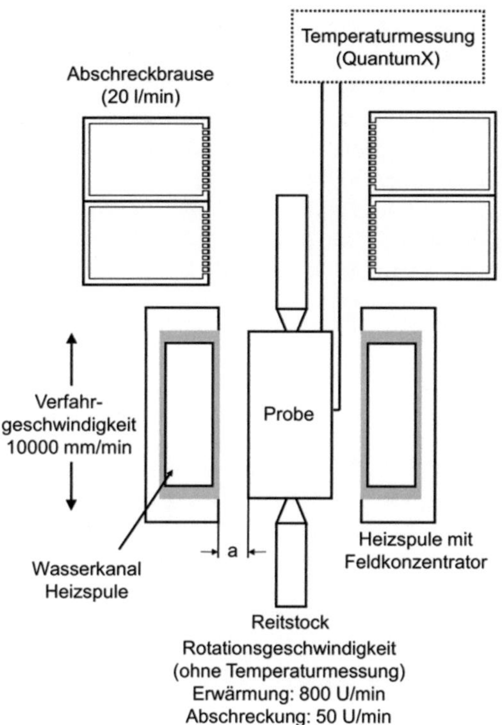

Abb. 3-11: Schematische Darstellung der Versuchsanordnung der Induktionshärteexperimente sowie Temperaturmessung (ohne Rotation)

3.4　Dilatometerversuch

3.4.1　Bestimmung der thermischen Ausdehnungs-koeffizienten sowie Umwandlungsdehnungen

Für die Bestimmung der thermischen Ausdehnungskoeffizienten der F/K-Ausgangsphase sowie dem Martensit und Austenit wurden Versuche mit einem Abschreckdilatometer DIL 805 A/D der Firma Bähr-Thermoanalyse

GmbH durchgeführt. Der schematische Aufbau ist in Abb. 3-12 gezeigt. Die Probe (vgl. Abb. 3-3) wird zwischen zwei Schubstangen eingespannt und über den induktiven Wegaufnehmer wird die Längenänderung bzw. Längendifferenz zu der vorderen, fixen Schubstange bei einer maximalen Auflösung von 0,05 µm gemessen. Über ein Thermoelement Typ S aus 0,1 mm Pt-Pt/Rh 10% Thermodraht, welches mittig auf der Probe angeschweißt wird, kann die Temperatur geregelt werden. Die Abschreckung der Hohlprobe geschieht zum einen von außen über die Abschreckspule sowie zum anderen intern durch die hohle Schubstange. Als Abschreckmedium wird Helium verwendet, wobei ein maximaler Durchfluss von 456 l/h möglich ist.

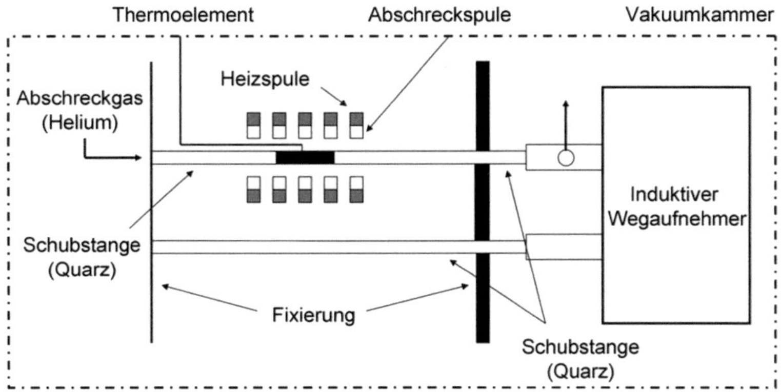

Abb. 3-12: Schematische Darstellung des Abschreckdilatometers zur Bestimmung der thermischen Ausdehnung und der Umwandlungsdehnungen

Die Proben wurden mit einer Erwärmungsgeschwindigkeit von 1 K/s und 10 K/s auf 950 °C bzw. 1000 °C erwärmt und danach in 5 sec auf Raumtemperatur (RT) abgeschreckt. Der darauffolgende Anlasszyklus dient der Bestimmung der thermischen Ausdehnung des Martensits, da mit keinem größeren Einfluss der Anlasseffekte auf die Dehnungsentwicklung bis Temperaturen um die 150 - 200 °C gerechnet wird. Der entsprechende Temperatur-Zeit-Verlauf ist in Abb. 3-13 wiedergegeben. Für beide Erwärmungsgeschwindigkeiten wurden jeweils 3 Versuche durchgeführt. Des

Weiteren wurde eine separate 10 mm Probe im Temperaturbereich zwischen 200 und 550 °C zyklisch mit einer Erwärmungsgeschwindigkeit von 1 K/s erwärmt und abgekühlt, um den Ausdehnungskoeffizienten des Ausgangsmaterials genauer zu bestimmen.

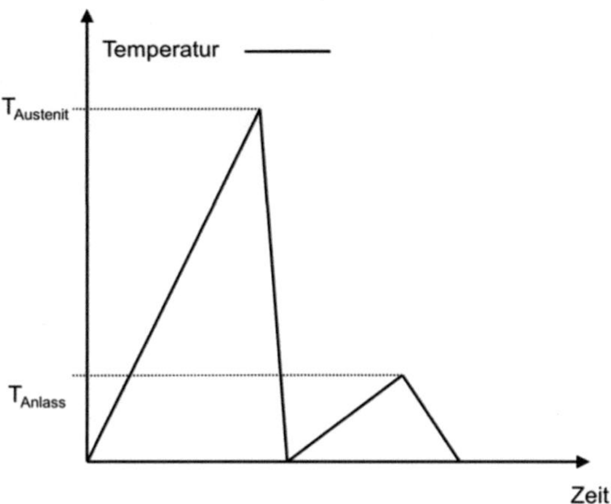

Abb. 3-13: Schematischer Temperatur-Zeit-Verlauf zur Bestimmung der thermischen Ausdehnungskoeffizienten und Umwandlungsdehnungen

3.4.2 Bestimmung der Umwandlungsplastizität während der Austenitisierung

Zur Bestimmung der Umwandlungsplastizität wurden Austenitisierungsversuche unter Belastung durchgeführt. Als Versuchseinrichtung kam ein Abschreck- und Umformdilatometer DIL 805 A/D der Firma Bähr-Thermoanalyse GmbH zum Einsatz. Die servohydraulische Belastungseinheit kann bis zu einer minimalen Kraft von 200 N geregelt werden. Der schematische Versuchsaufbau kann Abb. 3-14 entnommen werden. Die Belastungseinheit drückt den linken Quarzstempel mit einer definierten Kraft gegen die Probe, wobei über den induktiven Wegaufnehmer die Wegdifferenz zwischen dem beweglichen (links) und fest eingespannten Quarzstempel (rechts) gemessen wird. Die Molybdänplättchen dienen der

47

Kompensation des Wärmeabflusses über den Quarzstempel. Wie bei den Versuchen zuvor wird die Temperaturregelung über ein aufgeschweißtes Thermoelement ermöglicht.

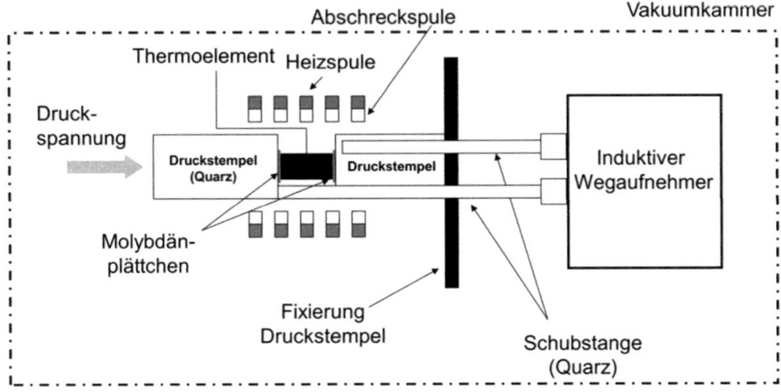

Abb. 3-14: Schematischer Aufbau des Belastungsdilatometers

Der schematische Versuchsablauf für die Austenitisierungsversuche unter Belastung kann Abb. 3-15 entnommen werden. Die Proben wurden zunächst auf eine Temperatur unterhalb der Anlasstemperatur erwärmt (550 °C) und anschließend wurde während einer Haltezeit von 30 Sekunden die Kraft aufgebracht. Im Anschluss wurden die Proben mit einer Erwärmungsgeschwindigkeit von 1 K/s auf 950 °C erwärmt. Die Erwärmungsgeschwindigkeit von 1 K/s stellt einen Kompromiss zwischen der Reduzierung eines übermäßigen Kriechens sowie der Temperaturhomogenität in der Probe dar. Zum Vergleich wurden zwei Versuche bei einer Erwärmungsgeschwindigkeit von 0,5 K/s ohne und mit 10 MPa Belastung durchgeführt. Für die spannungsfreien Versuche wurde das Abschreckdilatometer ohne Belastungseinheit verwendet (vgl. Abb. 3-12).

48

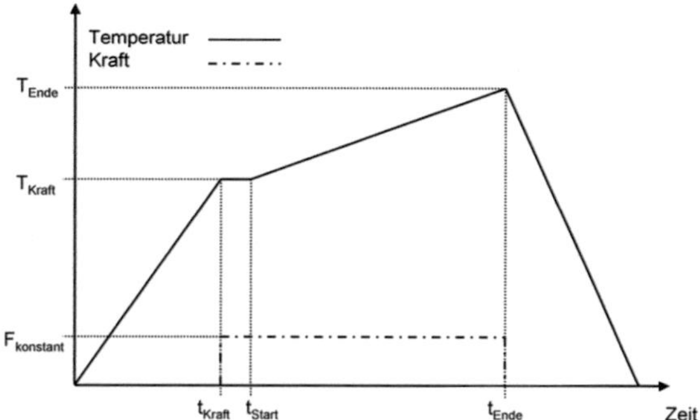

Abb. 3-15: Schematische Darstellung des Temperatur- und Kraftverlaufs für Austenitisierungsversuche unter Belastung

Tabelle 3-4 gibt eine Übersicht zu den Versuchen sowie den entsprechenden Kräften die während den Versuchen konstant gehalten wurden. Für die Belastung bei - 5 MPa wurde die Probe mit einem Durchmesser von 8 mm aus Abb. 3-5 verwendet, was zu der höheren Kraft gegenüber der - 10 MPa Belastung führt.

Bezeichnung	Kraft F	Spannung σ	Aufheizgeschwindigkeit
- 5 MPa; 1K/s	256	- 5	1
- 10 MPa; 1K/s	200	- 10	1
- 15 MPa; 1K/s	295	- 15	1
- 20 MPa; 1K/s	393	- 20	1
- 25 MPa; 1K/s	490	- 25	1
- 30 MPa; 1K/s	589	- 30	1
- 10 MPa; 0,5K/s	200	- 10	0,5

Tabelle 3-4: Versuchsparameter der Austenitisierungsversuche unter Belastung

3.5 Warmzugversuch

Zugversuche bei Raumtemperatur sowie erhöhten Temperaturen wurden zur Charakterisierung des elastisch-plastischen Werkstoffverhaltens des Ausgangsgefüges durchgeführt. In Anlehnung an die DIN Norm 10002-5 (1992) [145] wurde die Probengeometrie (vgl. Abb. 3-7) verwendet. Die Prüftemperaturen betrugen 20, 100, 300 und 500 °C. Je Versuchstemperatur wurden drei Versuche durchgeführt. Für die Zugversuche wurde eine elektromechanische Universalprüfmaschine der Bauart Zwick mit einer Maximalprüfkraft von 100 kN verwendet.

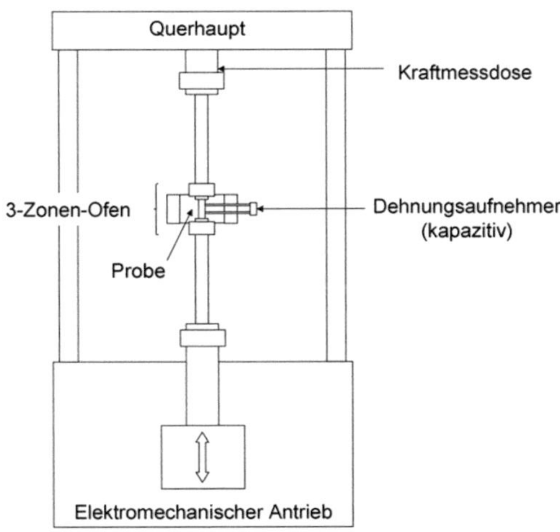

Abb. 3-16: Schematische Darstellung der Universalprüfmaschine für Warmzugversuche

Zur Erwärmung der Probe entlang der Messstrecke wurde ein Spiegelofen verwendet, wohingegen zwei Widerstandsöfen für die Fassungen zum Einsatz kamen, um den in der DIN Norm vorgeschriebenen maximalen Temperaturgradienten nicht zu überschreiten. Die Gewährleistung der Temperaturhomogenität wird mittels dreier Typ-K Thermoelemente sichergestellt, wobei nur das mittige Thermoelement zum Regeln der Temperatur verwendet wird. Die Zugversuche wurden bei konstanter Traversengeschwindigkeit durchgeführt. Die Dehnrate im Bereich der elastischen Verformung betrug $\dot{\varepsilon} \approx 0{,}003\ min^{-1}$ und war somit im Einklang mit der in der DIN Norm 10005-2 vorgeschriebenen Dehnrate (0,001 min^{-1} $\leq \dot{\varepsilon} \leq$ 0,005 min^{-1}).

Die Warmzugversuche an unterkühltem Austenit wurden an einer Universalprüfmaschine mit integrierter Erwärmungs- und Abschreckeinrichtung durchgeführt. Eine Vakuumkammer ermöglichte die Durchführung unter Vakuum beziehungsweise Schutzgas. Der schematische Aufbau der Prüfeinrichtung ist in Abb. 3-17 dargestellt.

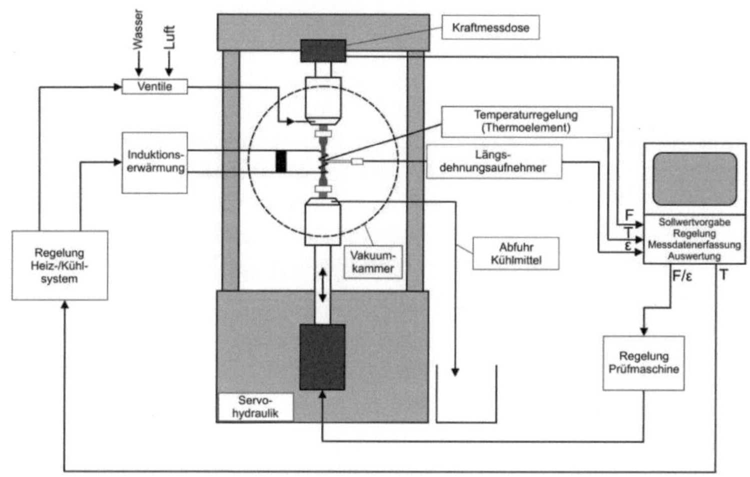

Abb. 3-17: Prüfeinrichtung zur Bestimmung der Fließkurven
an unterkühltem Austenit

Die Erwärmung der Probe erfolgt induktiv, wobei über ein angeschweißtes Thermoelement vom Typ K die Temperatur geregelt wird. Die Temperaturhomogenität entlang der Messstrecke wurde im Vorfeld für die verschiedenen Versuchstemperaturen überprüft und betrug $\leq$ +/- 20 K. Das Abschrecken auf Prüftemperatur wird durch ein Wasser-Luft-Gemisch durch die Innenbohrung der Probe ermöglicht. In der Innenbohrung befindet sich ein Röhrchen mit kleinen Bohrungen auf Höhe der Messstrecke, um eine homogene Abschreckung zu gewährleisten. Die Kraft F wird während der Versuchsführung bis zum Zugversuch auf Null geregelt. Die Dehnungsmessung geschieht über einen kapazitiven Ansatzdehnungsaufnehmer. Für den Zugversuch wird ausgehend von der Längsmessung mittels Dehnungsaufnehmer eine Verfahrstrecke von 1 mm vorgegeben. Bei einer Kalibrierung der Schenkelabstände von 13 mm entspricht dies einer Dehnung von $\approx$ 7,7 %. Aufgrund der relativ begrenzten Zeit bis zum Eintreten der Phasenumwandlung wurde die Dehnung innerhalb einer Sekunde realisiert. In Abb. 3-18 ist der Versuchsablauf schematisch dargestellt. Neben dem unterkühlten Austenit wurde zusätzlich die Fließkurve des Ausgangsgefüges bei 700 °C bestimmt, indem in 5 Sekunden auf 700 °C erwärmt und nach 2 Sekunden Haltezeit der Zugversuch durchgeführt wurde.

Für die Versuche am unterkühlten Austenit wurde die Probe innerhalb von 15 Sekunden auf eine Austenitisierungstemperatur von 900 °C gebracht und dort für 30 Sekunden gehalten, um einen homogenen Austenit einzustellen. Im Anschluss wurde die Probe innerhalb von 2 Sekunden auf die entsprechende Prüftemperatur abgeschreckt und für weitere 2 Sekunden gehalten, damit eine möglichst homogene Temperaturverteilung vorlag, wie der schematisch dargestellten Versuchsführung in Abb. 3-18 zu entnehmen ist. Die Versuche wurden zwischen 400 und 900 °C in Schritten von 100 °C durchgeführt.

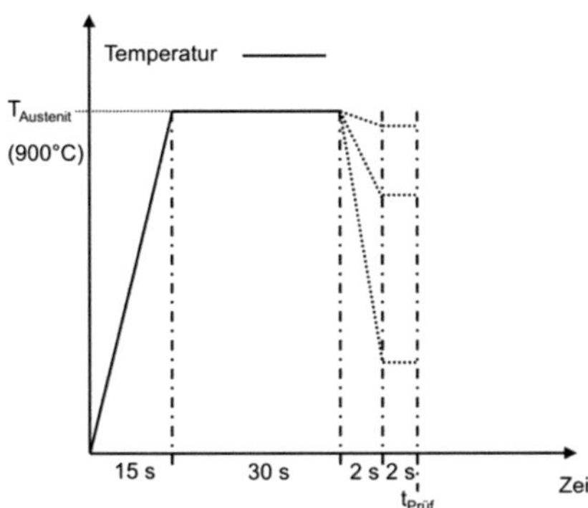

Abb. 3-18: Schematische Darstellung zum Versuchsablauf bei der experimentellen Bestimmung der Fließkurven für unterkühlten Austenit von 42CrMo4

3.6 Dynamische Differenzkalorimetrie

Dynamische Differenzkalorimetriemessungen wurden zur Bestimmung der spezifischen Wärmekapazität c_p am verwendeten Werkstoff durchgeführt. Die thermische Analyse wurde an 3 Proben (vgl. Abb. 3-6) mit einem DSC 404 F1 Pegasus der Firma Netzsch durchgeführt. Die Proben werden in einem Siliziumkarbidtiegel bei einer Erwärmungs- und Abkühlgeschwindigkeit von 10 K/min gegen eine Referenzprobe (Saphir) gemessen. Hierbei werden die Proben gleichmäßig aufgeheizt bzw. einem gleichförmigen Wärmestrom ausgesetzt. Die messbare Temperaturdifferenz zwischen den beiden Proben ist proportional zur Differenz der spezifischen Wärmekapazität.

3.7 Versuchsaufbau zur Bestimmung der temperaturabhängigen Magnetisierungskurven

Zur Bestimmung der temperaturabhängigen Magnetisierungskurve wurde der Messaufbau aus Abb. 3-19 verwendet. Die Erregerspannung wird über einen Leistungsverstärker der 7700 Serie der Firma AE Techron Inc. mit einer Ausgangsleistung von 5 kW über einen 3 Ω Widerstand bereitgestellt. Über den Signalgenerator wird der Leistungsverstärker angesteuert, welcher als Stromquelle für die Primärspule dient. Die Regelung des Signalgenerators ist so ausgelegt, dass eine sinusförmige Spannung in der Sekundärspule über ein Spannungsmesser V - auch Fluxmeter genannt - gemessen wird. Die Temperaturregelung des Vakuumofens wurde über ein Thermoelement des Typ K realisiert.

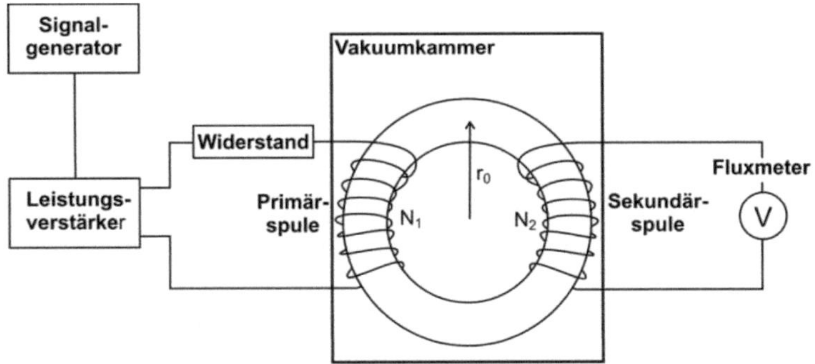

Abb. 3-19: Messaufbau zur Bestimmung der temperaturabhängigen
Magnetisierungskurven von 42CrMo4 (Ringmethode)

Der Ringkern aus 42CrMo4 (vgl. Abb. 3-9) wurde mit einem mittleren
Radius $r_0 = 45\,mm$ gefertigt. Nach [146] sollte das Verhältnis zwischen
Außen- zu Innendurchmesser den Wert 1,1 nicht überschreiten, damit die
radiale Änderung der magnetischen Feldstärke H klein gehalten wird. Die
magnetische Feldstärke H wird von dem Strom in der Primärspule erzeugt
und kann über folgende Beziehung ermittelt werden:

$$H(t) = \frac{N_1 \cdot I(t)}{2 \cdot \pi \cdot r_0},\tag{3.1}$$

wobei N_1 die Anzahl der Windungen ist und $I(t)$ der zeitveränderliche
Strom zur Erzeugung einer resultierenden, sinusförmigen Spannung in der
Sekundärspule. Die in der Sekundärspule induzierte Spannung wird mit
dem Fluxmeter gemessen und ergibt durch Integration den magnetischen
Fluss Φ. Mit diesem kann unter Berücksichtigung der Sekundärwindungen
N_2 und dem Querschnitt A des Ringkernes die magnetische Flussdichte
berechnet werden:

$$B(t) = \frac{1}{N_2 \cdot A} \cdot \int V(t) \cdot dt = \frac{\Phi}{N_2 \cdot A}.\tag{3.2}$$

Obwohl der Messaufbau eine sehr sorgfältige Präparation erfordert, muss bei geschlossenen Magnetkreisen keine Rücksicht auf einen Entmagnetisierungsfaktor genommen werden, wie dies bei stabförmigen Proben der Fall ist [127]. In [147] wird ein Messaufbau unter Verwendung stabförmiger Proben diskutiert, der im Vergleich mit einer Ringprobe gute Ergebnisse erlaubt. Jedoch wird nicht auf den Entmagnetisierungsfaktor und dessen Materialabhängigkeit eingegangen. Abb. 3-20 zeigt den Aufbau der Ringprobe mit Primär- und Sekundärspule.

Abb. 3-20: Aufbau der Primärspule (links) und der Sekundärspule (rechts)

Die Magnetisierungskurven wurden in Temperaturschritten von 100 °C bis 600 °C gemessen und danach in 10 °C Schritten bis zum Erreichen der Curie-Temperatur (768 °C bei reinem Eisen), da die Änderung der Permeabilität in diesem Bereich sehr groß sein kann. Auf mikrostrukturelle Einflüsse wurde keine Rücksicht genommen, weil experimentell keine Möglichkeit bestand, eine Veränderung gegenüber dem vergüteten Zustand beim Messen um den Curie-Punkt zu verhindern. Tabelle 3-5 beinhaltet alle relevanten Daten bezüglich der Abmessungen und des Versuchsaufbaus.

Beschreibung	Bezeichnung	Wert
Anzahl der Primärwicklungen	N_1	43 Windungen
Anzahl Sekundärwicklungen	N_2	27 Windungen
Mittlerer Radius Probe	r_0	45 mm
Querschnittsfläche Probe	A	94,6 mm^2
Abtastrate	dt	10 kHz

Tabelle 3-5: Abmessungen und Spulenparameter des verwendeten Versuchsaufbaus

3.8 Bestimmung der Bauteilcharakteristika

3.8.1 Makroschliffe

Zur Gegenüberstellung der Härtezone, hervorgerufen durch den Induktionshärteprozess, mit der numerisch modellierten Martensitverteilung wurden Makroschliffe in Längsrichtung angefertigt, wie Abb. 3-21 verdeutlicht. Die Proben wurden kalt eingebettet, in mehreren Stufen geschliffen und abschließend poliert. Die Ätzung erfolgte mit einer Lösung aus Ethanol mit 2 % Salpetersäure (Nital).

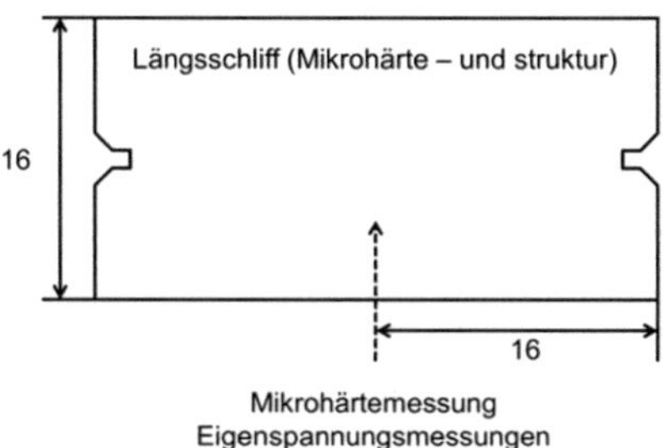

Abb. 3-21: Verdeutlichung der Härte- und Eigenspannungsmessungen sowie der Makrostrukturuntersuchungen

3.8.2 Mikrohärteprüfung

Die Mikrohärtemessungen wurden mit einem Kleinlastprüfgerät HMV-2000 der Firma Shimadzu an den induktiv gehärteten Proben durchgeführt. Die Prüflast der Härteeindrücke beträgt 100 g, was nach DIN EN 6507-1 [148] der Bezeichnung HV 0,1 entspricht. Die Härtetiefenverläufe wurden auf halber Zylinderhöhe in Radialrichtung, wie in Abb. 3-21 angedeutet, aufgenommen. Die Einwirkdauer sowie die Abstände einzelner Härteeindrücke wurden im Einklang mit DIN EN 6507-1 durchgeführt.

3.8.3 Eigenspannungsmessung

Eigenspannungstiefenverläufe wurden an den gehärteten Zylinderproben erstellt. Die röntgenographische Bestimmung der Eigenspannungen basiert auf dem $\sin^2\Psi$-Verfahren [149] an den $\{211\}$-Gitterebenen der α-Phase sowie tetragonal verzerrten α-Phase (Martensit) mit einer $CrK\alpha$-Strahlung unter der Verwendung eines Ψ-Diffraktometers „Karlsruher Bauart". Die Wellenlänge betrug 2,29 Å, was einer mittleren Eindringtiefe von 5-6 μm entspricht. Primärseitig kam eine Lochblende mit einem Durchmesser von 1 mm zum Einsatz und sekundärseitig wurde vor dem Detektor eine Symmetriesierungsblende für die $\{211\}$-Interferenzlinie verwendet [150]. Für die Bestimmung der Gitterdehnung wurde ein spannungsfreier Bragg-Winkel von $2\theta_0 = 156{,}39°$ vorausgesetzt. Der 2θ Bereich wurde von $+146°$ $\leq \theta \leq +166°$ abgefahren, wobei die Schrittweite $\Delta 2\theta$ für Martensit $= 0{,}2°$ und $\alpha = 0{,}15°$ betrug. Der Kippwinkel Ψ wurde im Bereich von $-60° \leq \Psi$ $\leq +60°$ in 11 Schrittweiten von $\Delta\Psi = 10°$ variiert. Unter der Annahme eines isotropen Materialverhaltens wurde für die Auswertung des Elastizitätsmodul $E^{\{211\}} = 219911$ MPa und die Querkontraktionszahl $v^{\{211\}} = 0{,}28$ herangezogen. Die Eigenspannungstiefenverläufe wurden durch sukzessives, elektrolytisches Abtragen des Materials ermöglicht. Als Elektrolyt wurde die Mixtur A2 der Firma Struers GmbH verwendet. Die Abtragtiefen für die Eigenspannungstiefenverläufe wurden in Anlehnung an die Härteverläufe (vgl. Abb. 3-21) ausgewählt.

4.   Simulationsmodell

Die zentrale Fragestellung der Arbeit befasst sich mit der Entwicklung eines numerischen Simulationsmodells, welches in der Lage ist, die Induktionshärtung unter Verwendung einer Frequenz und zweier Frequenzen abbilden zu können. Die Modellierung wurde durch die Kopplung der beiden Finite Elemente Pakete MSC.Marc Version 2010r und Abaqus/Standard Version 6.91 umgesetzt, wobei MSC.Marc ausschließlich für die Berechnung der induktiven Erwärmung verwendet wurde. Die in MSC.Marc berechnete Temperaturentwicklung wird in Abaqus/Standard als thermische Randbedingung vorgegeben, um das mechanische Verhalten während der Erwärmung zu berücksichtigen. Nach diesem Teilprozess wird die weitere Temperaturentwicklung durch das thermomechanisch-metallurgische Modell in Abaqus/Standard berechnet. Aus diesem Grund wird in den folgenden Abschnitten genauer auf die Modellierung eingegangen. Zunächst wird die Kopplung der beiden Softwarepakete erläutert, um im darauffolgenden Schritt eine möglichst gute Übersicht über die verwendeten Modelle und Abstraktionen geben zu können.

4.1   Kopplung zwischen MSC.Marc und Abaqus/Standard

Die Kopplung zwischen MSC.Marc und Abaqus/Standard liegt in der elektromagnetischen Berechnung begründet, da diese während der Entwicklung des vorliegenden Modells nicht in Abaqus/Standard möglich gewesen ist. Bei Vernachlässigung mechanischer Einflüsse auf die Umwandlungskinetik sowie Wärmeentwicklung kann die mechanische Berechnung entkoppelt werden und muss bei der induktiven Erwärmung in MSC.Marc nicht berücksichtigt werden.

Die Kopplung der beiden Finite Elemente Codes geschieht über die zeitliche Temperaturentwicklung wie in Abb. 4-1 dargestellt. Mit jedem Zeitschritt in MSC.Marc erfolgt die Konvergenzabfrage hinsichtlich der Temperatur. Ist diese erfüllt, wird der entsprechende Zeitpunkt sowie das Temperaturfeld an den Knoten des Werkstückes in einer externen Ausgabedatei gespeichert. Nachdem die Simulation in MSC.Marc beendet ist, wird die zeitliche Entwicklung der Temperatur sowie die entsprechenden Zeitpunkte in Abaqus/Standard eingelesen und über die Subroutine DISP als thermische Randbedingung verwendet.

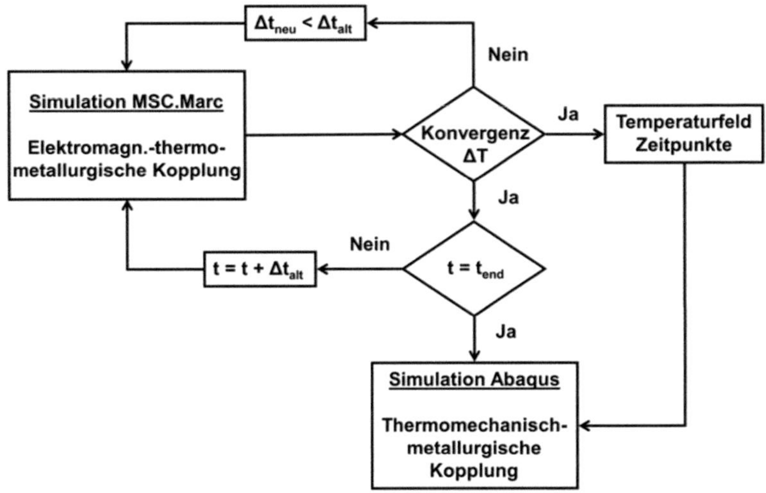

Abb. 4-1: Graphische Darstellung zur Übertragung der Temperaturgeschichte aufgrund der induktiven Erwärmung

Die Übertragung der Temperatur bzw. anderer Zustandsgrößen zwischen zwei identischen Modellen mit der gleichen Vernetzung kann durch Abb. 4- erläutert werden. Für einen beliebigen Knoten beträgt die Temperatur T zum Zeitpunkt t einen bestimmten Wert, wie in Abb. 4- (a) schematisch dargestellt. Ist dieser Verlauf gegeben, so kann mittels der Wertepaare Temperatur und Zeitpunkt anhand einer linearen Interpolation die Temperaturberechnung in Abaqus/Standard Abb. 4- (b) durchgeführt werden. Für jeden Zeitschritt in Abaqus/Standard wird der Zeitschritt t_0 davor sowie t_1 danach ermittelt und die Temperatur entsprechend berechnet. Die Zeitschritte in Abaqus/Standard sind durch diese Vorgehensweise unabhängig von denen aus MSC.Marc ermittelten.

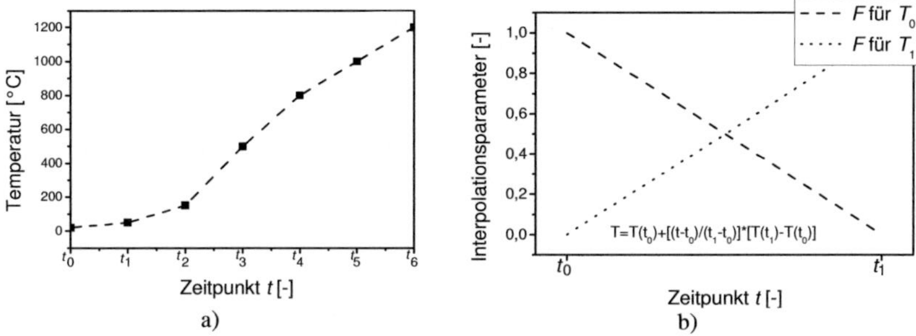

Abb. 4-2: Graphische Darstellung der Temperaturübertragung des diskretisierten Temperaturverlaufs aus MSC.Marc (a) über die Interpolation in Abaqus/Standard (b)

Neben der Übertragung der Zustandsgröße Temperatur zwischen zwei identischen Vernetzungen wurde zusätzlich die Möglichkeit umgesetzt, die Ergebnisse aus MSC.Marc auf ein feineres Netz in Abaqus/Standard zu übertragen. Diese Vorgehensweise erlaubt eine weitaus feinere Diskretisierung des betrachteten Bauteils gegenüber dem Modell in MSC.Marc. Diese ist aufgrund der Umgebungsluft sowie der Heizspule limitiert. Die feinere Vernetzung ermöglicht außerdem die Überprüfung der Netzunabhängigkeit. Des Weiteren ist es denkbar, im Rahmen der Prozesskettensimulation auch steile Eigenspannungsgradienten z.B. nach der Zerspansimulation auf das Netz aufzuprägen. In Abb. 4-3 sind beide Vernetzungen dargestellt. Für beide wurde die Elementdichte im randnahen Bereich erhöht. Dies ist beim groben Netz deutlich zu erkennen. Die Übergangstiefe von feiner zu gröberer Vernetzung basiert auf der maximal erwartbaren Einhärtetiefe.

Die Vorgehensweise zur Übertragung der Temperatur auf ein feineres Netz ist in Abb. 4-4 wiedergegeben. Zunächst wird jeder Knoten des neuen Netzes einem Element des alten Netzes zugeordnet und dessen lokale Koordinaten berechnet. Mit diesen Koordinaten kann über die Formfunktion des verwendeten Elementtyps die Temperatur berechnet werden. Dies entspricht der Vorgehensweise zur Berechnung von Knotenwerten an Integrationspunkten. Eine Gegenüberstellung des Temperaturverlaufes vor und nach dem Übertragen ist in Abb. 4-5 gezeigt.

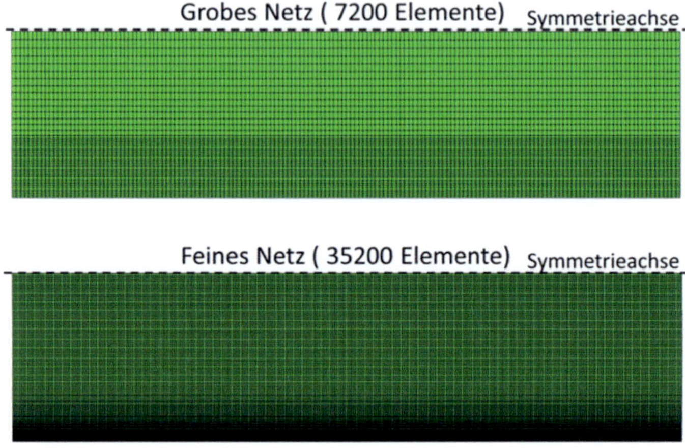

Abb. 4-3: Vernetzung des Werkstückes

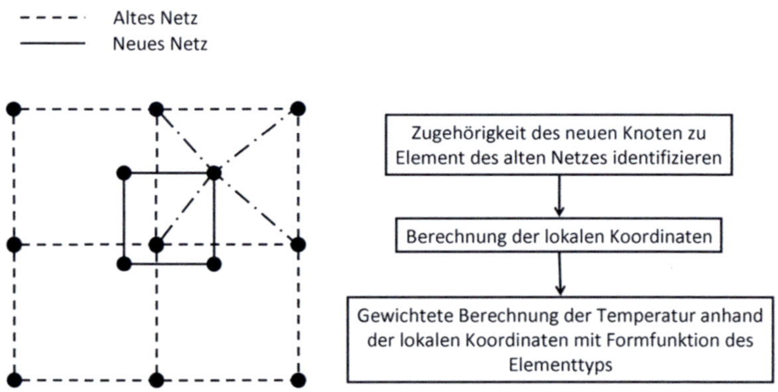

Abb. 4-4: Schematische Darstellung zur Übertragung der MSC.Marc Ergebnisse auf ein feineres Netz in Abaqus/Standard zur feineren Auflösung der Spannungen

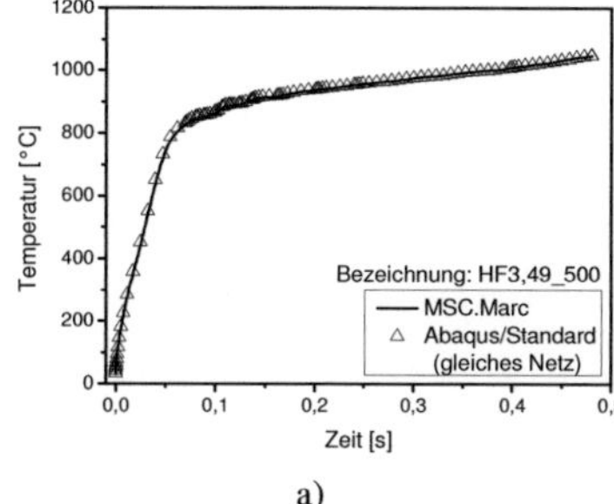
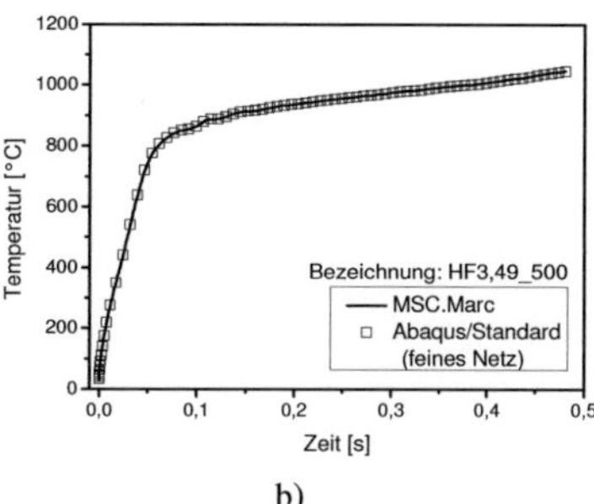

Abb. 4-5: Gegenüberstellung der Temperaturverläufe vor und nach dem Übertragen von MSC.Marc auf Abaqus/Standard bei gleichem Netz (a) und feinerem Netz in Abaqus/Standard (b)

4.2 Elektromagnetisches Modell in MSC.Marc

Die Energieübertragung bei der Induktionserwärmung basiert auf der Wechselwirkung elektrisch leitender Medien mit elektromagnetischen Feldern. Die entsprechenden Beziehungen können durch die Maxwell'schen Gleichungen beschrieben werden [151]. In den meisten Anwendungen wird die zeitharmonische Approximation gegenüber dem zeitdiskreten Ansatz bevorzugt, da der mögliche Verlust an Genauigkeit durch die Zeiteffektivität mehr als kompensiert wird [152]. Zu dessen Herleitung werden zunächst konstante Werkstoffeigenschaften unterstellt. Im Fall der induktiven Erwärmung dienen ausschließlich die folgenden Beziehungen zur Lösung der elektromagnetischen Feldgleichungen [153]:

$$rot\vec{E} = -\mu \cdot \frac{\partial \vec{H}}{\partial t} \qquad \text{(Induktionsgesetz nach Faraday),} \qquad (4.1)$$

$$rot\vec{H} = \vec{J} + \frac{\partial \vec{D}}{\partial t} \qquad \text{(Durchflutungsgesetz nach Ampère).} \qquad (4.2)$$

Der Term $\frac{\partial \vec{D}}{\partial t}$ auf der rechten Seite des Durchflutungsgesetzes kann vernachlässigt werden, da in der induktiven Erwärmung [152] die Stromdichte $\vec{J}$ aufgrund der hohen elektrischen Leitfähigkeit κ im Verhältnis sehr groß ist. Zwischen den Feldgrößen bestehen außerdem noch folgende Zusammenhänge:

$$\vec{J} = \kappa \cdot \vec{E} \; , \tag{4.3}$$

$$\vec{B} = \mu_0 \cdot \mu_r \cdot \vec{H} \; , \tag{4.4}$$

wobei $\vec{E}$ das elektrische Feld, $\vec{H}$ die magnetische Feldstärke, $\vec{B}$ die magnetische Flussdichte, μ_0 die magnetische Permeabilität in Vakuum und μ_r die relative Permeabilität darstellen. Hieraus folgt für das Durchflutungsgesetz unter Berücksichtigung von (4.4):

$$rot\vec{H} = \kappa \cdot \vec{E} \; . \tag{4.5}$$

Als weiterer Schritt kann nun noch die Quellenfreiheit des magnetischen Feldes herangezogen werden:

$$div\vec{B} = 0 \; , \tag{4.6}$$

welche in Kombination mit der Divergenzfreiheit eines Rotationsfeldes zur Einführung des sogenannten magnetischen Vektorpotentials $\vec{A}$ führt:

$$div\left(rot\vec{A}\right) = 0 \; . \tag{4.7}$$

Aus Gleichung (4.6) und (4.7) sowie der Coulomb-Eichung $div\vec{A} = 0$ kann folgender Zusammenhang abgeleitet werden:

$$\vec{B} = rot\vec{A} \; . \tag{4.8}$$

Wird nun Gleichung (4.8) in (4.1) eingesetzt, so kann die elektrische Feldstärke hergeleitet werden:

$$\vec{E} = -\frac{\partial \vec{A}}{\partial t} - grad(V) \; , \tag{4.9}$$

wobei V das elektrische Potential darstellt. Unter der Annahme zeitharmonischer Felder, die sich periodisch und sinusförmig mit der Zeit verändern, kann mit $\frac{\partial}{\partial t} = j\omega$ die folgende Differentialgleichung aufgestellt werden:

$$rot\left(\frac{1}{\mu} \cdot rot\vec{A}\right) = -\kappa \cdot \left(j\omega\vec{A} + grad(V)\right). \tag{4.10}$$

ω stellt in diesem Fall die Kreisfrequenz dar. Das elektrische Potential stellt die Spannung an der Heizspule dar und ist somit die felderregende Größe. Durch Multiplikation mit der elektrischen Leitfähigkeit ergibt sich die Erregerstromdichte $\vec{J_l}$ in der Heizspule und die Gleichung (4.10) ergibt:

$$rot\left(\frac{1}{\mu} \cdot rot\vec{A}\right) = -\kappa j\omega\vec{A} + \vec{J_l}. \tag{4.11}$$

Anhand Gleichung (4.11) können alle relevanten Größen über das magnetische Vektorpotential definiert werden:

$$\vec{B} = rot\vec{A}, \tag{4.12}$$

$$\vec{H} = {}^{1}/_{\mu_0} \cdot \mu_r \cdot \vec{B}, \tag{4.13}$$

$$\vec{E} = -j\omega\vec{A}, \tag{4.14}$$

$$\vec{J} = \kappa \cdot \vec{E}. \tag{4.15}$$

Über die Berechnung des elektrischen Feldes innerhalb des Werkstückes (4.14) kann über die Beziehung (4.15) auf die induzierte Stromdichte und Leistung geschlossen werden.

Aus den Gleichungen (4.10) und (4.11) geht hervor, dass das magnetische Vektorpotential $\vec{A}$ durch die Vorgabe eines elektrischen Potentials V oder einer Erregerstromdichte $\vec{J_l}$ berechnet werden kann. In dieser Arbeit wird die Erregerstromdichte in der Heizspule vorgegeben, da eine Spannungsmessung an dieser nicht möglich ist. Diese wird zusätzlich zu der Frequenz auch von der Wechselwirkung mit dem magnetischen Feldkonzentrator sowie dem Werkstück beeinflusst. Der magnetische Feldkonzentrator bewirkt eine Konzentration des Magnetfeldes und führt dadurch zu einer konzentrierteren Leistungseinbringung, wie aus Abb. 4-6 ersichtlich ist. Die Feldberechnung bei einer Frequenz von 2 kHz verdeutlicht die Stromverdrängung in der Heizspule.

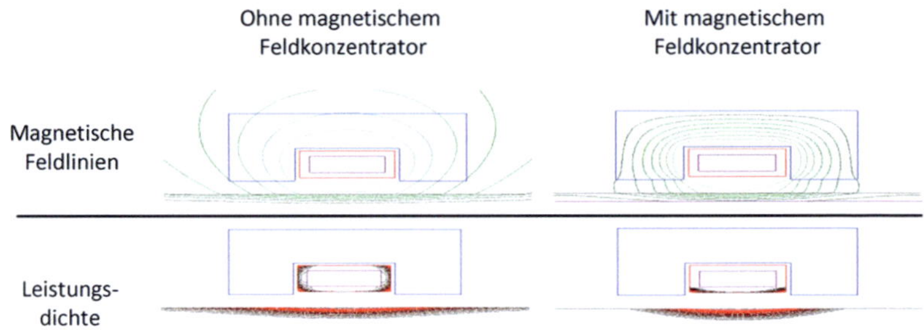

Abb. 4-6 Elektromagnetische Berechnung zur Darstellung des Einflusses eines magnetischen Feldkonzentrators auf die Leistungs- bzw. Stromdichteverteilung in der Heizspule [154]

Die im Werkstück induzierten Wirbelströme verursachen ihrerseits ein Magnetfeld, welches zu einer induzierten Spannung in der Heizspule führt und somit die Stromverteilung in dieser beeinträchtigt. Diese Art der Wechselwirkung wird als Nachbarschaftseffekt oder Proximity-Effekt bezeichnet [15], [16], [18]. Die Berücksichtigung dieser Einflüsse auf die exakte Stromverteilung in der Heizspule sind in MSC.Marc nicht möglich und müssen durch entsprechende Abstraktionen angenähert werden, wie im späteren Verlauf gezeigt wird.

Aus der Annahme zeitharmonischer Felder wird ersichtlich, dass bei den Beziehungen *(4.3)* und *(4.4)* ein linearer Zusammenhang gewährleistet sein muss, was aus mechanischer Sicht mit der Annahme einer rein elastischen Betrachtung vergleichbar ist. Im Fall ferromagnetischer Materialien ist die relative Permeabilität μ_r jedoch nichtlinear und führt zu dem nichtharmonischen Verlauf wie in Abb. 4-7 dargestellt.

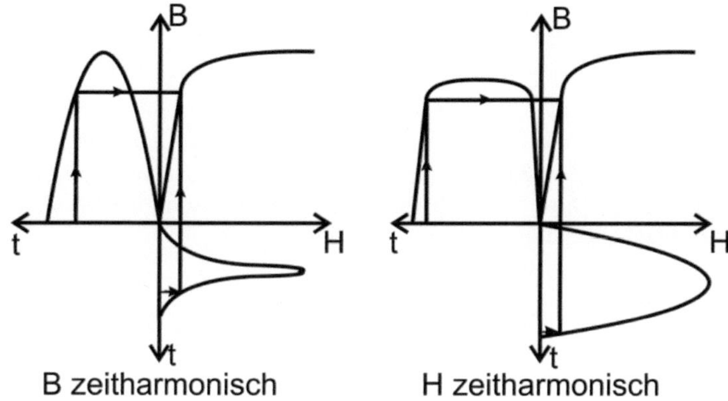

Abb. 4-7: Grafische Darstellung der resultierenden Verläufe für das H- und B-Feld unter Berücksichtigung des nichtlinearen Zusammenhangs

Unter Berücksichtigung eines linearen Zusammenhangs muss für die Verwendung des zeitharmonischen Ansatzes eine geeignete Linearisierung der Permeabilität ermöglicht werden, die neben der Leistungsumsetzung auch auf deren Verteilung Einfluss nimmt. In [155] ist eine Vorgehensweise beschrieben, die in diesem Rahmen implementiert wurde. Die Fläche unter der Magnetisierungskurve, wie in Abb. 4-8 zu sehen, beschreibt die magnetische Energie. Diese stellt im Fall der realen Magnetisierungskurve eine Obergrenze dar, da der Scheitelwert und nicht der Effektivwert zum Tragen kommt. Im Gegensatz dazu kann die Linearisierung wie in Abb. 4-8 gezeigt als Untergrenze aufgefasst werden. Die Mittelung der beiden Anteile erlaubt nach [155] eine gute Approximation der effektiven Energie w_i^e:

$$w_i^e = \frac{w_{o1} + w_{u2}}{2}, \tag{4.16}$$

wobei w_{oi} die obere und w_{ui} die untere Energiegrenze sind. Die beiden Grenzen lassen sich wie folgt berechnen:

$$w_{o1} = \int_0^{H_{mi}^f} b \cdot dh, \tag{4.17}$$

$$w_{u2} = \frac{1}{2} B_{mi} \cdot H_{mi}^{f} \, , \qquad\qquad (4.18)$$

mit B_{mi} als magnetische Flussdichte am Punkt i im Material und H_{mi}^{f} als die fiktive Feldstärke. b stellt die magnetische Flussdichte in Abhängigkeit der Magnetfeldstärke h dar, was eine analytische Beschreibung notwendig macht. Diese wird im späteren Verlauf zusammen mit den Magnetisierungskurven diskutiert.

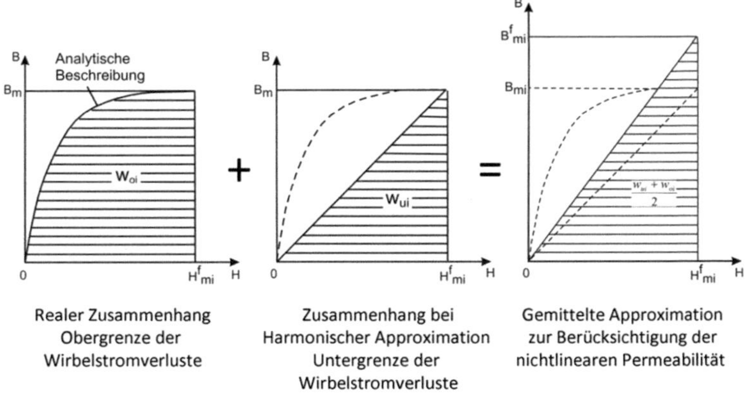

Abb. 4-8: Berücksichtigung der nichtlinearen Permeabilität durch Überlagerung der harmonischen und realen Energiedichte

Die fiktive Permeabilität μ_{ri}^{f} kann iterativ mittels der folgenden Beziehungen berechnet werden:

$$w_{i}^{f} = \frac{1}{2} \mu_0 \cdot \mu_{ri}^{f} \cdot \left(H_{mi}^{f} \right)^2 \, . \qquad\qquad (4.19)$$

Hierzu wird der Permeabilität zunächst ein beliebiger Wert zugeordnet und eine elektromagnetische Berechnung durchgeführt. Anhand der resultierenden Feldstärke kann über die analytische Beschreibung der Magnetisierungskurve die magnetische Flussdichte B sowie die beiden Teilenergien w_{o1} und w_{u2} berechnet werden. Hieraus kann ein neuer Wert für die Permeabilität abgeleitet und im nächsten Schritt der Neuberechnung verwendet werden. Da der iterative Prozess eine Neuberechnung der magnetischen Feldstärke erfordert, wird eine Submodellierung durchgeführt, wie aus Abb. 4-9 zu entnehmen. Die elektromagnetische Simulation besteht im Grunde aus einer elektromagnetisch-thermisch gekoppelten Simulation, da nur so ein direkter Zugriff auf die resultierenden Wärmequellen möglich wird. Jedoch werden während der Simulation alle thermischen Aspekte konstant gehalten. Jede Submodellierung besteht aus 15 Iterationsschritten, nach denen geprüft wird, ob die Abweichung der fiktiven Energie einen Schwellwert von einem Prozent unterschritten hat.

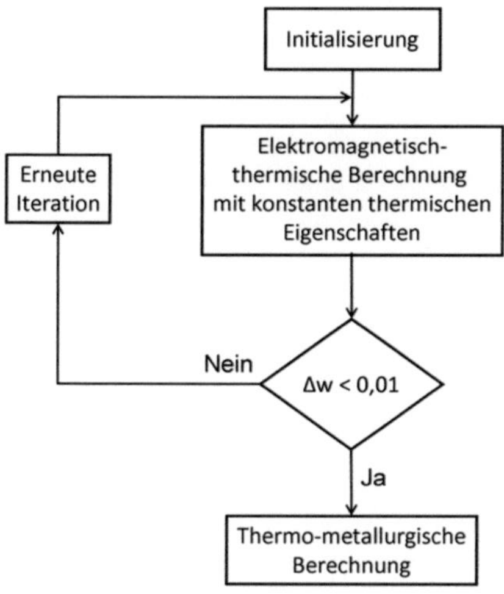

Abb. 4-9: Schematischer Ablauf der elektromagnetischen Berechnung unter Berücksichtigung der magnetischen Nichtlinearität

4.3 Thermisches Modell in MSC.Marc und Abaqus/Standard

Die Kopplung zwischen dem elektromagnetischen und thermischen Feld geschieht anhand der Wärmeleitungsgleichung, die in ihrer generellen Form wie folgt lautet:

$$c_p \cdot \rho_V \cdot \frac{\partial T}{\partial t} - div\big(\lambda \cdot grad(T)\big) = \dot{Q}_{ges}\,, \qquad\qquad (4.20)$$

wobei c_p die spezifische Wärmekapazität, ρ_V die spezifische Dichte, λ die thermische Leitfähigkeit, T die Temperatur und $\dot{Q}_{ges}$ die Wärmequellendichte sind. Der erste Term auf der linken Seite von Gleichung (4.20) spiegelt die zeitliche Veränderung des Temperaturfeldes wider und der zweite Term charakterisiert die Wärmeausbreitung. Mit Gleichung (4.14) sowie der Beziehung für die im Bauteil induzierte, spezifische Leistung $p = \kappa \cdot \left|\vec{E}\right|^2$ folgt:

$$p = \kappa \cdot \omega^2 \cdot \left|\vec{A}\right|^2\,. \qquad\qquad (4.21)$$

Hieraus wird ersichtlich, dass die umgesetzte Leistung von der elektrischen Leitfähigkeit und der Frequenz abhängt. Die Wärmequellen- oder senken in Form von $\dot{Q}_{ges}$ können im Allgemeinen durch folgenden Ausdruck wiedergegeben werden [112]:

$$\dot{Q}_{ges} = \underbrace{\kappa \cdot \omega^2 \cdot \left|\vec{A}\right|^2}_{\dot{Q}_{ind}} + \underbrace{\sigma_{ij} \cdot \dot{\varepsilon}_{ij}^{pl}}_{\dot{Q}_{mech}} + \underbrace{\sum_{k=Phasen} \Delta H_k \cdot \frac{df_k}{dt}}_{\dot{Q}_{phas}}\,, \qquad (4.22)$$

wobei $\dot{Q}_{mech}$ die Wärmequelle durch plastische Verformung darstellt und im Falle der induktiven Erwärmung vernachlässigt werden kann [113]. Der letzte Term auf der rechten Seite beschreibt den Einfluss der Phasenumwandlung. Beim Erwärmen wird dem System durch die Umwandlung in die austenitische Phase Wärmeenergie entzogen (endotherme Reaktion), wohingegen bei der Rückumwandlung Wärme freigesetzt wird (exotherme Reaktion).

Für die Berücksichtigung der Umwandlungswärme während der induktiven Erwärmung in MSC.Marc wird ein Ansatz nach [110] gewählt, wobei eine fiktive spezifische Wärmekapazität c_p^* verwendet wird:

$$c_p^* = c_p + \frac{\dot{f}}{\dot{T}} \cdot \Delta H_{\alpha \to \gamma} \qquad\qquad (4.23)$$

und $\Delta H_{\alpha \to \gamma}$ stellt die Umwandlungswärme beim Übergang des Ausgangsgefüges in Austenit dar. Außerdem ist $\dot{f}$ die Ableitung nach dem Phasenteil des Austenits. Für die Berechnung der fiktiven spezifischen Wärmekapazität wurden die spezifischen Wärmekapazitäten für das Ausgangsgefüge und den Austenit durch einen linearen Ansatz an die gemessene spezifische Wärmekapazität des verwendeten Werkstoffes angepasst, wie Abb. 4-10 zeigt. Für die Umwandlungswärme wird der Wert $\Delta H_{\alpha \to \gamma}$ = 624 J/kgK verwendet [81]. Die Berücksichtigung der Umwandlungswärme in Abaqus/Standard während der Haltezeit sowie der Abschreckphase ist über den Ansatz aus Gleichung *(4.22)* implementiert.

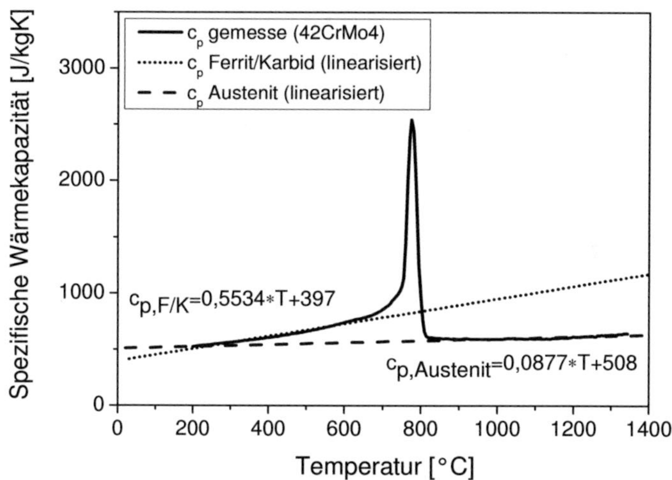

Abb. 4-10: Phasenanteilige Linearisierung der spezifischen Wärmekapazität zur Berücksichtigung in der elektromagnetisch-thermischen Modellierung der induktiven Erwärmung

Für die Berechnung des Temperaturfeldes in Abaqus/Standard werden die thermo-physikalischen Eigenschaften über eine lineare Mischungsregel berücksichtigt:

$$P_{res} = \sum_{k=Phasen} f_k \cdot P_k(T),$$

$$(4.24)$$

wobei P_{res} die resultierende Werkstoffeigenschaft an einem Integrationspunkt darstellt und $P_k(T)$ die temperaturabhängige Eigenschaft einer Phase ist. Die lineare Mischungsregel gilt neben den thermo-physikalischen Werkstoffeigenschaften auch für alle weiteren phasenabhängigen Eigenschaften. Die Berechnung des Temperaturfeldes in Abaqus/Standard findet erst nach der Erwärmung statt, da zuvor die Temperaturentwicklung aufgrund der induktiven Erwärmung durch die thermische Randbedingung aufgeprägt wird.

4.4 Mechanisches Modell in Abaqus/Standard

Die Berechnung der zeitlichen Eigenspannungsentwicklung während der Randschichthärtung geschieht anhand der Gesamtdehnung, die sich wie folgt zusammensetzt [112], [156]:

$$\varepsilon_{ij}^{ges} = \varepsilon_{ij}^{el} + \varepsilon_{ij}^{pl} + \varepsilon_{ij}^{th} + \varepsilon_{ij}^{tr} + \varepsilon_{ij}^{tp}.$$

$$(4.25)$$

Darin bedeuten ε_{ij}^{el} die elastische, ε_{ij}^{pl} die plastische, ε_{ij}^{th} die thermische, ε_{ij}^{tr} die umwandlungsbedingte und ε_{ij}^{tp} die transformationsinduzierte plastische Dehnung. Aufgrund auftretender plastischer Verformungen muss unter Berücksichtigung kleiner Verzerrungen eine inkrementelle Betrachtung herangezogen werden [157]:

$$d\varepsilon_{ij}^{ges} = d\varepsilon_{ij}^{el} + d\varepsilon_{ij}^{pl} + d\varepsilon_{ij}^{th} + d\varepsilon_{ij}^{tr} + d\varepsilon_{ij}^{tp}.$$

$$(4.26)$$

Das elastische Dehnungsinkrement ε_{ij}^{el} ist über die Hooke'sche Beziehung gegeben [158]:

$$d\varepsilon_{ij}^{el} = \frac{1}{E}\left[(1+v)\cdot d\sigma_{ij} - v\cdot d\sigma_{kk}\cdot \delta_{ij}\right] - \frac{dE}{E^2}\left[(1+v)\cdot \sigma_{ij} - v\cdot \sigma_{kk}\cdot \delta_{ij}\right] + \frac{dv}{E}\left[\sigma_{ij} - \sigma_{kk}\cdot \delta_{ik}\right],$$

$$(4.27)$$

mit σ_{ij} als Spannungstensor, δ_{ij} dem Kroneckersymbol, E dem E-Modul, ν der Querkontraktionszahl und σ_{kk} der Spur bzw. den summierten Diagonalelementen des Spannungstensors. Die thermomechanische Kopplung ist durch die Temperaturabhängigkeit des E-Moduls und der Querkontraktionszahl gegeben.

Der durch plastische Verformung hervorgerufene inkrementelle Dehnungsanteil $d\varepsilon_{ij}^{pl}$ kann durch folgende Beziehung wiedergegeben werden [159]:

$$d\varepsilon_{ij}^{pl} = \frac{3}{2} \cdot \frac{d\varepsilon_v^{pl}}{\sigma_{vM}} \cdot s_{ij} \, . \tag{4.28}$$

Hierbei stellt $d\varepsilon_v^{pl}$ die inkrementelle Vergleichsdehnung nach von Mises dar:

$$d\varepsilon_v^{pl} = \sqrt{2/3 \cdot d\varepsilon_{ij}^{pl} \cdot d\varepsilon_{ij}^{pl}} \, , \tag{4.29}$$

sowie σ_{vM} die Vergleichsspannung nach von Mises. Entsprechend wird die Vergleichsspannung nach von Mises:

$$\sigma_{vM} = \sqrt{3/2 \cdot s_{ij} \cdot s_{ij}} \, , \tag{4.30}$$

als Fließkriterium unterstellt und lässt sich über den Spannungsdeviator s_{ij} definieren.

Die thermische Dehnung ε_{ij}^{th} entsteht aufgrund der Temperaturänderung und der damit verbundenen Volumenänderung. Für die Berechnung ist eine Bezugs- bzw. Referenztemperatur T_{ref} nötig, da die Volumenänderung eine relative Änderung darstellt. Zur Vereinfachung wird $T_{ref} = 0$ °C (273 K) gesetzt. Hieraus ergibt sich folgende Beziehung:

$$\varepsilon_{ij}^{th} = \alpha^{th} \cdot T \cdot \delta_{ij} \, , \tag{4.31}$$

mit α^{th} als Wärmeausdehnungskoeffizient der jeweiligen Phase. Unter der Annahme eines konstanten Wärmeausdehnungskoeffizienten ergibt sich in inkrementeller Schreibweise folgender Ausdruck für ein Phasengemenge:

$$d\varepsilon_{ij}^{th} = \sum_{k=1}^{n} \alpha_k^{th} \cdot T \cdot df_k + f_k \cdot \alpha_k^{th} \cdot dT \ , \qquad (4.32)$$

wobei f_k den Phasenanteil der Phase k und α_k^{th} deren Wärmeausdehnungs-koeffizient darstellt. Zur thermisch verursachten Volumenänderung kommt bei der Phasenumwandlung infolge der Gitterstrukturänderung eine soge-nannte umwandlungsbedingte Dehnung hinzu, deren Definition aus Abb. 4-11 entnommen werden kann. Die Umwandlungsdehnungen des betrach-teten Werkstoffs wurden mittels Dilatometerversuche bestimmt und kön-nen Abschnitt 5.1 entnommen werden. In inkrementeller Form ergibt sich:

$$d\varepsilon_{ij}^{tr} = \sum_{k=1}^{n} \frac{1}{3} \cdot \delta_{ij} \cdot \varepsilon_{l \to k} \cdot df_k \ . \qquad (4.33)$$

$\varepsilon_{l \to k}$ ist die Umwandlungsdehnung durch Umwandlung der Phase l zu k und f_k stellt den Phasenanteil der neugebildeten Phase k dar.

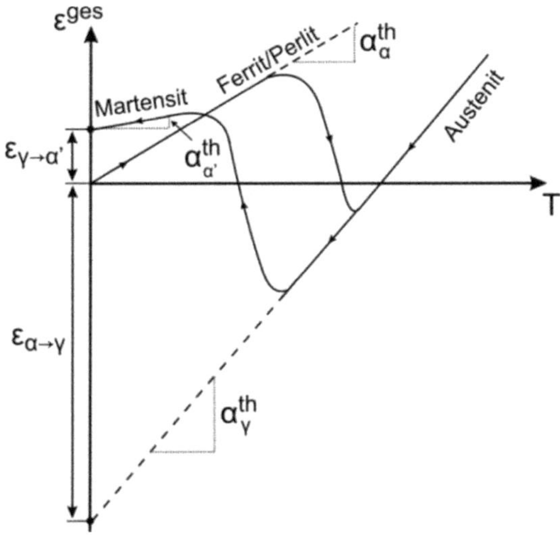

Abb. 4-11: Schematische Darstellung zur Definition der Umwandlungsdehnung aufgrund unterschiedlicher Phasenumwandlungen sowie der entsprechenden Wärmeausdehnungskoeffizienten

Die thermischen und umwandlungsbedingten Dehnungen sind isotrop und wirken sich ausschließlich auf die Volumenänderung bzw. Maßänderung aus. Dagegen führt die anisotrope, umwandlungsplastische Dehnung ε_{ij}^{tp}, die nur während einer Phasenumwandlung auftritt, auch zu einer Gestalt- bzw. Formänderung. Die Dehnung wird wie folgt berücksichtigt [118]:

$$\varepsilon_{ij}^{tp} = K_{l \to k} \cdot \emptyset(f_l) \cdot s_{ij} , \qquad (4.34)$$

wobei $K_{l \to k}$ die Umwandlungsplastizitätskonstante der Umwandlung darstellt und i die Produktphase kennzeichnet. Die Funktion $\emptyset(f_l)$ spiegelt die Entwicklung der umwandlungsplastischen Dehnung mit fortschreitender Umwandlung wider und muss somit die Bedingungen $\emptyset(0) = 0$ und $\emptyset(1) = 1$ erfüllen. Nach [157] ergibt sich für den Werkstoff 42CrMo4 bei der martensitischen Umwandlung die inkrementelle Form mit $\emptyset(f_l) = (2 - f_l) \cdot f_l$ zu:

$$d\varepsilon_{ij}^{tp} = 3 \cdot K_{A \to M} \cdot s_{ij} \cdot (1 - f_M) \cdot df_M . \qquad (4.35)$$

Für die Berücksichtigung der Umwandlungsplastizität während der Austenitisierung wird der Ansatz nach Tanaka mit $\emptyset(f_i) = f_i$ gewählt, woraus sich der inkrementelle Dehnungsanteil wie folgt ergibt [100]:

$$d\varepsilon_{ij}^{tp} = {}^3\!/_2 \cdot K_{F/K \to A} \cdot s_{ij} \cdot df_A . \qquad (4.36)$$

4.5   Metallurgisches Modell

Die Modellierung der Phasenumwandlung sowie die Berechnung der resultierenden Härte basiert auf der Arbeit von [160]. Für die Austenitisierung wird folgender Ansatz verwendet:

$$\frac{\partial f_A}{\partial t} = n \cdot b(T) \cdot ln\left[\frac{1}{1-f_A}\right]^{n-1/n} \cdot (1 - f_A) , \qquad (4.37)$$

was der differentiellen Schreibweise des Avrami-Ansatzes entspricht. Für die Temperaturabhängigkeit von b sind verschiedene Ansätze in der Literatur zu finden [161–163]. Nach der klassischen Theorie von Keimbildung und -wachstum unter Berücksichtigung von Keimsättigung sowie einer hohen Überhitzung, ergibt sich die Temperaturabhängigkeit für ein diffusions- oder grenzflächenkontrolliertes Wachstum in folgender Form [164], [165]:

$$b(T) = D_0 \cdot exp\left[-\frac{Q_D}{k \cdot T}\right] \quad bzw. \quad v_0 \cdot exp\left[-\frac{Q_G}{k \cdot T}\right].$$

(4.38)

Dabei ist k jeweils die Boltzmann-Konstante und T die Temperatur. Im Fall eines diffusionskontrollierten Wachstums wird die Grenzflächengeschwindigkeit von dem Diffusionskoeffizienten D_0 und der Aktivierungsenthalpie für Diffusion Q_D bestimmt, wohingegen bei einem grenzflächenkontrollierten Wachstum v_0 die temperaturunabhängige Grenzflächengeschwindigkeit beschreibt und Q_G die Aktivierungsenthalpie für das Wachstum ist. Hieraus wird ersichtlich, dass sich die Temperaturabhängigkeit, basierend auf der klassischen Theorie, nur in den Größenordnungen der Geschwindigkeitskonstante sowie der Aktivierungsenthalpie unterscheiden. Dieser allgemeingültige Ansatz kann unter anderem in [166], [167] gefunden werden.

Der Vorteil dieses Ansatzes liegt darin, dass keine Differenzierung zwischen diffusionskontrolliertem und diffusionslosem Wachstum gemacht werden muss, da beide Terme identisch sind. Durch Anpassung der Parameter n, ΔH und C konnte für die betrachteten Erwärmungsgeschwindigkeiten von 1000 - 10.000 K/s eine gute Übereinstimmung gefunden werden [166]. Unter diesen Voraussetzungen ist dieses Modell jedoch nur im Bereich der untersuchten Erwärmungsgeschwindigkeiten gültig. Die gewählten Versuchsbedingungen zur Validierung der Simulation erfüllen die Randbedingungen bezüglich der Erwärmungsgeschwindigkeiten. Durch die Implementierung des Austenitisierungsmodells in MSC.Marc wird die Berechnung der Umwandlungswärme berücksichtigt und ein Informationsverlust durch die Entkopplung vermieden.

Das Modell zur Beschreibung der Martensitbildung basiert auf einem Modell aus [168], bei dem neben der M_s-Temperatur auch die M_f-Temperatur wie folgt berücksichtigt wird:

$$f_M = f_{M,max} \cdot \left(1 - \left(\frac{T - M_f}{M_s - M_f}\right)\right)^a,$$

(4.39)

wobei a generell im Bereich zwischen 2 und 3 liegt [169]. Der Unterschied zum klassischen Modell nach Koistinen und Marburger [170] liegt in der expliziten Berücksichtigung der M_f-Temperatur, die eine klare Definition des Umwandlungsendes erlaubt. In [81] wird dieses Modell um den Einfluss der maximalen Austenitisierungstemperatur $T_{A,max}$, sowie den Erwärmungs- und Abschreckgeschwindigkeiten v_{heiz} und $v_{kühl}$ erweitert, um den Einfluss einer inhomogenen Austenitisierung auf die Martensitumwandlung zu integrieren.

Die Härteberechnung basiert auf einem Modell nach [171], wobei die Vickershärte des Martensits wie folgt berechnet wird:

$$H_M = 150 + 1667 \cdot (C\ in\ Ma.-\%) - 926 \cdot (C\ in\ Ma.-\%)^2. \qquad (4.40)$$

Der in Gleichung (4.40) notwendige Kohlenstoffgehalt wird über die M_s-Temperatur bestimmt, da diese den Einfluss der inhomogenen Austenitisierung beinhaltet. Über die Differenz der berechneten Umwandlungstemperatur zur Gleichgewichtstemperatur (homogener Austenit) kann über einen funktionalen Zusammenhang der Kohlenstoffkonzentration und der M_s-Temperatur auf den jeweiligen Kohlenstoffgehalt geschlossen werden. Die resultierende Härte wird über eine Mischungsregel, wie in [171] beschrieben, berücksichtigt.

4.6   Modellierung der Zweifrequenzerwärmung

Die Vorgehensweise für die Berechnung der induktiven Zweifrequenzerwärmung soll anhand Abb. 4-12 erläutert werden. Zuvor soll jedoch der Grundgedanke der Zweifrequenzmodellierung erklärt werden. Unter der Annahme eines unendlich ausgedehnten Halbraumes kann die ortsabhängige Leistungsdichte durch folgende Gleichung wiedergegeben werden:

$$p(x) = \kappa \cdot E_0^2 \cdot e^{-2x/\delta}. \qquad (4.41)$$

E_0^2 ist das Quadrat der effektiven, elektrischen Feldstärke an der Oberfläche und x ist die Distanz zur Oberfläche (vgl. Abb. 2-2). Die Frequenzabhängigkeit des Leistungsabfalls ins Bauteilinnere (Dämpfung) ist über die Eindringtiefe δ gegeben. Werden nun zwei Leistungsanteile unterschiedlicher Frequenz betrachtet, so ergibt sich für die Leistungsdichte durch Superposition folgender Ausdruck [140]:

$$p_{res}(x) = a_{MF} \cdot e^{-2x/\delta_{MF}} + a_{HF} \cdot e^{-2x/\delta_{HF}}, \qquad (4.42)$$

wobei a_{MF} und a_{HF} die jeweiligen Maximalwerte der Leistungsdichte an der Oberfläche für die Mittel- und Hochfrequenz darstellen.

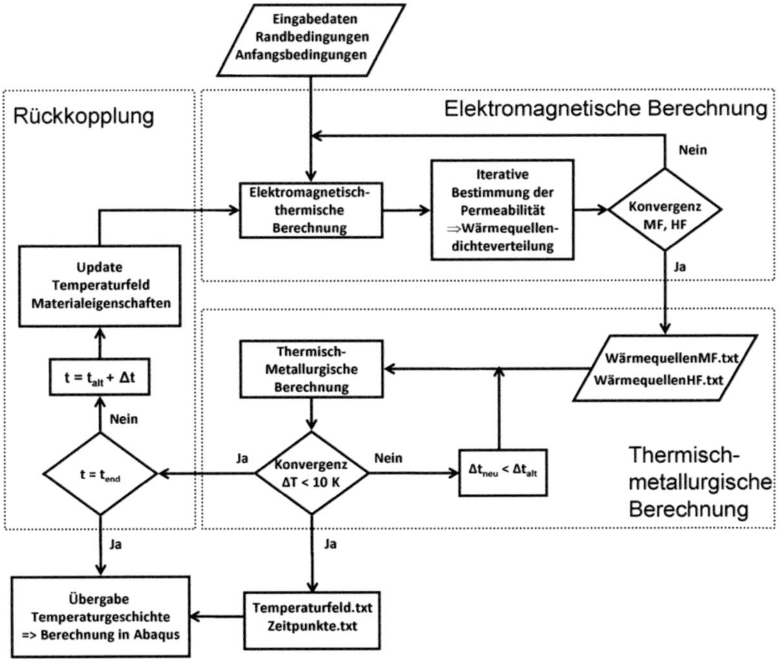

Abb. 4-12: Flussdiagramm zum Ablauf der Zweifrequenzmodellierung

Der Ablauf der Modellierung wird über ein zentrales Pythonskript gesteuert, in welchem die Eingabedaten sowie Anfangs- und Randbedingungen definiert werden. Mit Beginn eines Zeitschrittes Δt wird zunächst eine pseudo-elektromagnetisch-thermische Simulation zur iterativen Bestimmung der relativen magnetischen Permeabilität für den Mittel- und Hochfrequenzanteil durchgeführt. Während dieses iterativen Prozesses wird das Temperaturfeld konstant gehalten. Die Kopplung mit der thermischen Berechnung erlaubt die direkte Berechnung der Wärmequellen, die bei Erreichen des Konvergenzkriteriums in einer Ausgabedatei (Wämequellen.txt) gespeichert werden.

Die berechneten Wärmequellen werden in der thermisch-metallurgischen Berechnung als Randbedingung durch Überlagerung der beiden Anteile vorgegeben. Der relevante Zeitschritt Δt ergibt sich nach der Initialisierung durch die thermo-metallurgische Berechnung, da die Zeitschritte an das Konvergenzkriterium der erlaubten Temperaturänderung angepasst werden. Überschreitet die Temperaturänderung den Schwellwert von 10 K, so wird der Zeitschritt verkleinert und die Berechnung erneut durchgeführt. Eine Vergrößerung des Zeitschrittes erfolgt, wenn das Konvergenzkriterium in zwei aufeinanderfolgenden Zeitschritten erfüllt wird. Die Anpassung des Zeitschrittes soll eine möglichst effiziente Laufzeit ermöglichen.

Mit Erreichen des Konvergenzkriteriums wird überprüft, ob die Gesamtdauer des Erwärmungsprozesses erreicht wurde. Ist dies nicht der Fall, werden das neu berechnete Temperaturfeld sowie die entsprechenden Materialparameter als Randbedingungen für die pseudo-elektromagnetisch-thermische Berechnung zur Neubestimmung der Permeabilität sowie der daraus resultierenden Wärmequellen verwendet. Hieraus wird ersichtlich, dass die Rückkopplung einer schwachen Kopplung entspricht, da nach Erreichen der Temperaturkonvergenz keine Kontrolle bezüglich des Einflusses der Temperaturänderung auf die Wärmequellendichteverteilung durchgeführt wird. Die Temperaturänderung von 10 K wurde aufgrund der Rechenzeit gewählt und kann ohne weiteres auch adaptiv im Bereich der Curie-Temperatur sowie der Phasenumwandlung umgesetzt werden.

Mit jedem Zeitschritt wird die Gesamtdauer aufsummiert und mit der vorgegebenen Berechnungszeit verglichen, um eine automatische Zeitschrittanpassung zu gewährleisten. Außerdem wird die Temperatur zu dieser Zeit in der Berechnung in einer Ausgabedatei (Temperaturfeld.txt) gespeichert, die mit dem Erreichen der Gesamtzeit an das Modell in Abaqus/Standard weitergegeben wird.

4.7 Modellierung der Induktionshärtung und Randbedingungen

Die Induktionshärtung der zylindrischen Probe kann aufgrund der Symmetriebedingungen mit einem rotationssymmetrischen 2-D Modell abgebildet werden. Bei der Berechnung mittels Finiter-Elemente-Methode muss die Luft auch vernetzt werden, was zu einer deutlichen Erhöhung der Rechenzeit führt, zumal die Anzahl der Elemente für diesen Bereich überwiegt. Im Gegensatz zur Modellierung in MSC.Marc kann in Abaqus/Standard ein feineres Netz verwendet werden, da nur das Werkstück modelliert werden muss. Die Anzahl der Elemente für die verschiedenen Modellkomponenten in MSC.Marc und Abaqus/Standard sind in Abb. 4-13 aufgelistet.

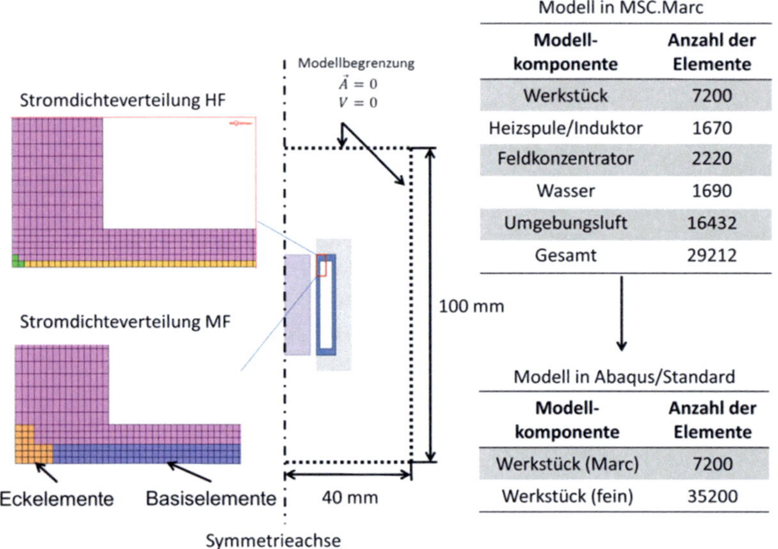

Modell in MSC.Marc	
Modellkomponente	Anzahl der Elemente
Werkstück	7200
Heizspule/Induktor	1670
Feldkonzentrator	2220
Wasser	1690
Umgebungsluft	16432
Gesamt	29212

Modell in Abaqus/Standard	
Modellkomponente	Anzahl der Elemente
Werkstück (Marc)	7200
Werkstück (fein)	35200

Abb. 4-13: Übersicht zu den elektromagnetischen Randbedingungen und der Anzahl der Elemente für MSC.Marc und Abaqus/Standard Modelle

Auf der rechten Seite ist die Randbedingung für die Stromdichteverteilung für MF und HF gezeigt. Aufgrund des Skin- und Nachbarschaftseffekts kommt es zu einer Stromverdrängung innerhalb der Heizspule, wie bereits zuvor gezeigt wurde [15], [18]. Diese kann bei der Verwendung einer Stromdichte als Randbedingung nicht berechnet werden. Bei der Abstraktion der Stromverdrängung wurde zunächst die Eindringtiefe aufgrund der Betriebsfrequenz herangezogen. Unter der Annahme, dass sich die Heizspule während dem Härteprozess nicht erwärmt, ergibt sich bei einem spezifischen Widerstand von Kupfer $\rho_{Kupfer} = 1{,}78 \times 10^{-8}\ \Omega m$ eine Eindringtiefe für MF mit $\delta_{MF} = 0{,}614\ mm$ und für HF mit $\delta_{HF} = 0{,}124\ mm$. Die Elementhöhe im Bereich der Stromaufprägung beträgt 0,2 mm. Aus diesem Grund wurde die Stromverteilung bei der HF über eine Elementreihe aufgeprägt und für die MF entsprechend über drei. Zudem wurde die Stromverdrängung zu den Ecken hin (vgl. Abb. 4-6) durch sogenannte Eckelemente (siehe Abb. 4-13) berücksichtigt. Der Einfluss der Stromverdrängung zu den Ecken hin wurde durch die Kalibration bzw. dem Abgleich mit der Härtezone für die Versuche MF12,5_500 und HF3,45_500 durchgeführt. Anstatt eine konstante Stromdichte über alle Elemente vorzugeben, wurde eine Gewichtung vorgenommen, um den kompletten Bereich des Prozessparameters Stromstärke und dessen Einfluss auf die Verteilung in der Heizspule abbilden zu können. Hierzu wurde ein gewisser Stromanteil auf alle Elemente gleichmäßig verteilt und die Differenz den Eckelementen gleichmäßig zugewiesen. Diese Stromverlagerung wurde in Kombination mit dem Wirkungsgrad iterativ für die beiden Kalibrierungsversuche durchgeführt, um zum einen die gemessene Endtemperatur an der Oberfläche um +/- 10 °C zu erreichen und zum anderen die Verlagerung der Stromdichte sowie deren Auswirkung auf die Ausprägung der Härtezone zu berücksichtigen.

Die Ergebnisse des Kalibrationsvorgangs sind in Tabelle 4- aufgelistet. Bei den Berechnungen der Zweifrequenzanwendungen wurden die Parameter der einzelnen Frequenzen verwendet, um eine Allgemeingültigkeit der in dieser Arbeit gewählten Vorgehensweise zu ermöglichen. Der Wirkungsgrad wird bei der thermischen Analyse implementiert, indem die Wärmequelle mit dem in Tabelle 4-1 angegebenen Parameter multipliziert wird. Die Stromverdrängung wird über die Definition der Stromdichte in Form der Randbedingung berücksichtigt.

	Wirkungs-grad	Anzahl Basiselemente	Anzahl Eckelemente	Anteil Strom Basiselemente	Anteil Strom Eckelemente
MF	0,7	444	54	80 %	20 %
HF	1,0	156	6	95 %	5 %

Tabelle 4-1: Kalibrierungsparameter für numerische Simulation

Elektromagnetische Randbedingungen sind an den Modellgrenzen vorzugeben, wobei die Grenzen grundsätzlich so gewählt werden, dass die Feldgrößen magnetisches Vektorpotential und elektrisches Potential als abgeklungen betrachtet werden können. Die entsprechende Wahl der umgebenden Luft dient der Erfüllung dieser Annahme. An der Symmetrieachse muss keine Randbedingung vorgegeben werden, da diese normal zum magnetischen Vektorpotential ist.

Wie im Versuchsaufbau (vgl. Abb. 3-2) gezeigt, wird die Probe über zwei Reitstöcke zentriert, wobei der obere über eine Federkraft gespannt wird und somit eine Verschiebung in y-Richtung zulässt. Die daraus resultierenden mechanischen Randbedingungen sind in Abb. 4-14 dargestellt. Sämtliche Knoten entlang der Symmetrieachse werden in x-Richtung fixiert. Zusätzlich ist der unterste Knoten in y-Richtung unbeweglich, wie durch den starren Reitstock gegeben.

Der Einfluss der Wärmeverluste durch Konvektion und Wärmestrahlung spielt bei der betrachteten Anordnung eine untergeordnete Rolle, wie aus Abb. 4-15 ersichtlich wird. Wird ein Emissionsgrad $\varepsilon = 0{,}8$ vorausgesetzt, so beträgt die Verlustleistung bei 1300 °C nur 500 Watt, wohingegen die induzierte Leistung um Größenordnungen größer ist. Trotz dieser vernachlässigbar geringen Verlustleistung wurden thermische Randbedingung an der Mantelfläche berücksichtigt. Für den Emissionsgrad wurde der Wert 0,3 verwendet und für den Wärmeübergangskoeffizienten $h = 50\,W/m^2 \cdot K$ angenommen [132].

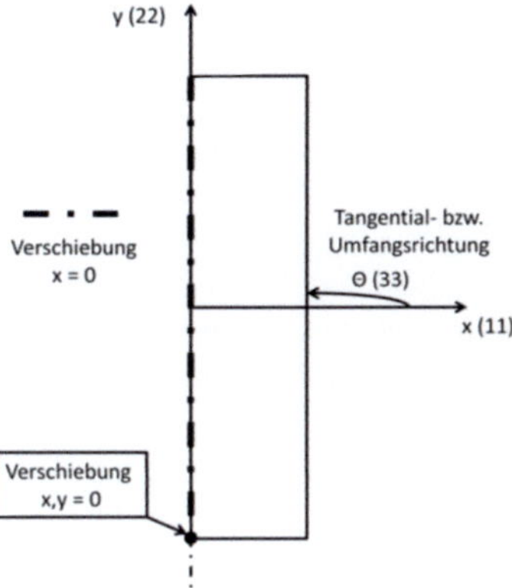

Abb. 4-14: Mechanische Randbedingungen für das numerische Modell in Abaqus/Standard

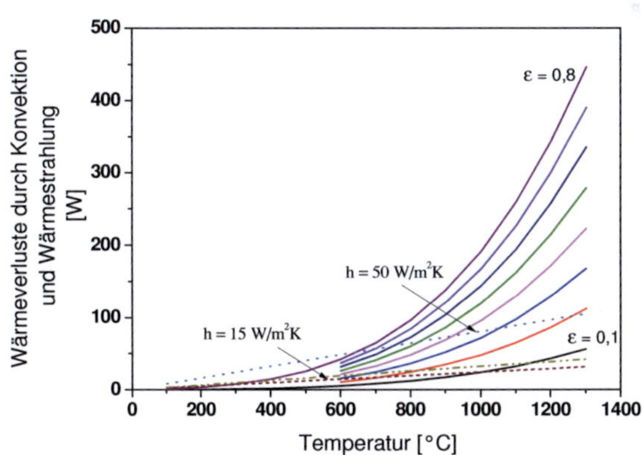

Abb. 4-15: Graphische Darstellung der Wärmeverluste durch Konvektion und Strahlung für unterschiedliche Bedingungen

Für die Berechnung der Abschreckung in Abaqus/Standard wurde auf Daten aus [172] zurückgegriffen. In dieser Arbeit wurde der Einfluss verschiedener Abschreckparameter wie Durchfluss, Temperatur sowie Polymergehalt auf die Abschreckwirkung untersucht, um herauszufinden, wie sich diese nach längerem Gebrauch ändert. In der Simulation wurden die Daten für ein 15 prozentiges Polymer-Wasser-Gemisch bei einer Temperatur von 22 °C und einem Durchfluss von 20 l/min verwendet. Wie aus Abb. 4-16 hervorgeht, wird der Wärmeübergangskoeffizient für Temperaturen ab 850 °C angegeben. Aufgrund der Abschreckverzögerung beim Verfahren in die Abschreckposition von circa 0,5 Sekunden bewirkt die Wärmeleitung ins Bauteilinnere eine derartige Abschreckwirkung an der Oberfläche, dass der angegebene Wertbereich ausreicht.

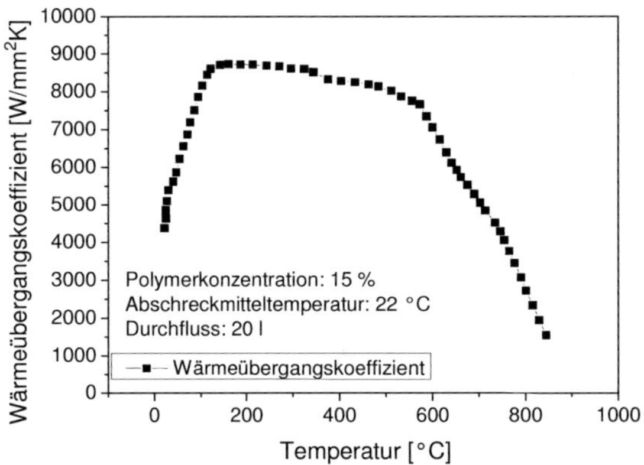

Abb. 4-16: Wärmeübergangskoeffizient beim Brauseabschrecken mit Polymer-Wasser-Gemisch [172]

5. Bestimmung der Eingabeparameter für die Materialmodellierung

5.1 Bestimmung der Ausdehnungskoeffizienten und Umwandlungsdehnungen

Für die Berechnung der Eigenspannungen spielen die thermischen Ausdehnungskoeffizienten sowie die Umwandlungsdehnungen eine wichtige Rolle. In Abb. 5-1 sind die gemessenen Dehnungen während der Erwärmung von Raumtemperatur auf 950 °C bzw. 1000 °C für die verschiedenen Erwärmungsgeschwindigkeiten gegenübergestellt.

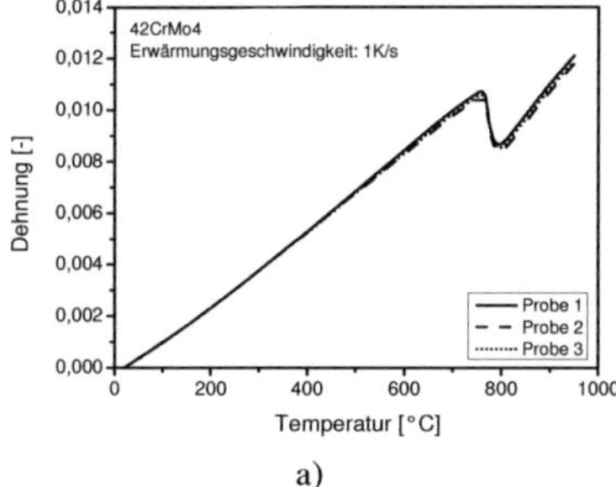

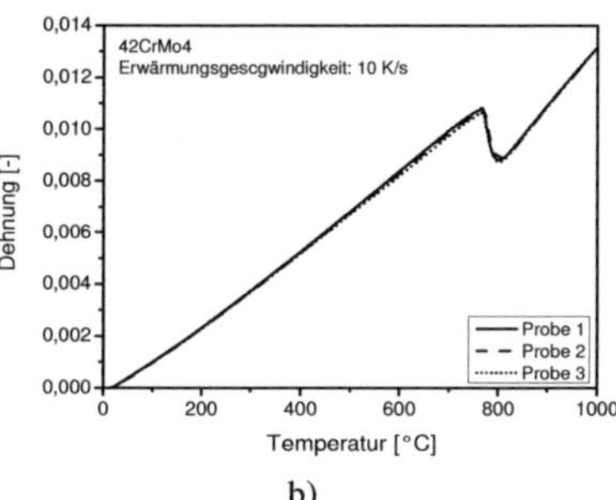

Abb. 5-1: Gemessene Dehnung während dem Erwärmungszyklus für verschieden Erwärmungsgeschwindigkeiten von 1 K/s (a) und 10 K/s (b)

Bei beiden Versuchsreihen ist eine leichte Verschiebung der einzelnen Versuche zueinander erkennbar. Die Dehnungen für die beiden Erwärmungsgeschwindigkeiten stimmen sehr gut überein, was darauf schliessen lässt, dass keine Beeinflussung durch Temperaturgradienten in Längsrichtung vorliegt. Gradienten in Radialrichtung werden aufgrund der Dünnwandigkeit der Proben ausgeschlossen. Vor der eigentlichen Phasenumwandlung, die nicht unterhalb der eutektoiden Temperatur von ungefähr 730 °C auftreten kann, flacht die Dehnungszunahme leicht ab. Dieses Verhalten wird Anlasseffekten zugeschrieben, da der Werkstoff beim Vergüten bei 570 °C angelassen wurde und somit ein Einfluss ab dieser Temperatur gegeben ist. Nach der Phasenumwandlung ist ein annähernd linearer Anstieg der Dehnung aufgrund der thermischen Ausdehnung des Austenits zu sehen. Der thermische Ausdehnungskoeffizient des Austenits wird in diesem Bereich bestimmt und kann Tabelle 5-1 entnommen werden.

In Abb. 5-2 sind die entsprechenden Dehnungsverläufe während des Abschreckens von Austenitisierungstemperatur auf Raumtemperatur wiedergegeben. Wie zuvor sind leichte Abweichungen vorhanden. Die Steigung der thermischen Dehnung des Austenits während des Abschreckens weist eine stetige Zunahme auf, die sich durch eine leichte Krümmung bemerkbar macht. Ein Störeinfluss könnte hierbei die Abschreckung darstellen. In keinem der Versuche lag ein deckungsgleicher Verlauf der Dehnung während der Erwärmung und Abschreckung vor. Die Verschiebung der Kurve während des Abschreckens erfolgt immer nach links bzw. zu niedrigeren Temperaturen. Aus diesem Grund wurden diese Steigungen bei der Berechnung des thermischen Ausdehnungskoeffizienten nicht berücksichtigt.

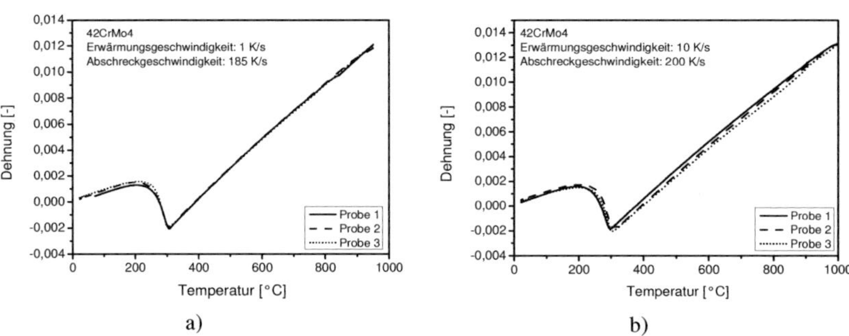

Abb. 5-2: Gemessene Dehnung während dem Abschrecken für verschiedenen Erwärmungsgeschwindigkeiten von 1 K/s (a) und 10 K/s (b)

Eine während des Abschreckens voranschreitende Austenitbildung, die zu einer Abnahme der Dehnung führen würde, kann ausgeschlossen werden, da die verwendeten Erwärmungsgeschwindigkeiten in Kombination mit den Austenitisierungstemperaturen einen homogenen Austenit gewährleisten sollten. Eine plausiblere Erklärung könnte ein Temperaturgradient in Axialrichtung aufgrund der Abschreckung im Inneren der Hohlprobe darstellen. Zum einen könnte die Abschreckintensität in Axialrichtung variieren, wobei diese zu Beginn höher liegen wird und zum anderen besteht die Möglichkeit, dass die Hohlprobe beim Durchströmen des Gases eine Angriffsfläche bietet und somit eine erhöhte Abschreckintensität auftritt.

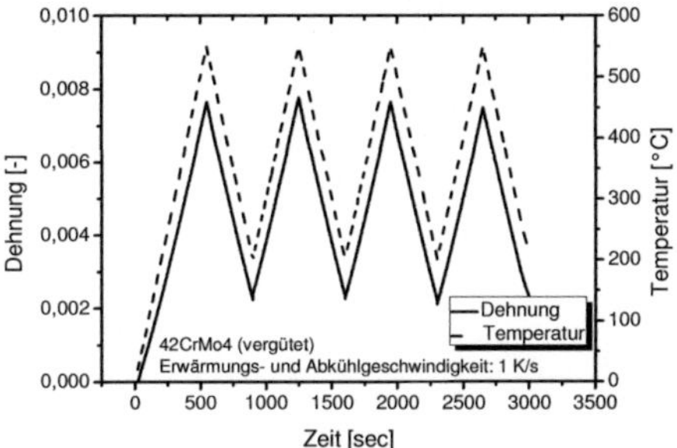

Abb. 5-3: Zyklischer Temperaturverlauf zur Bestimmung des thermischen Ausdehnungskoeffizienten für den vergüteten Ausgangszustand von 42CrMo4

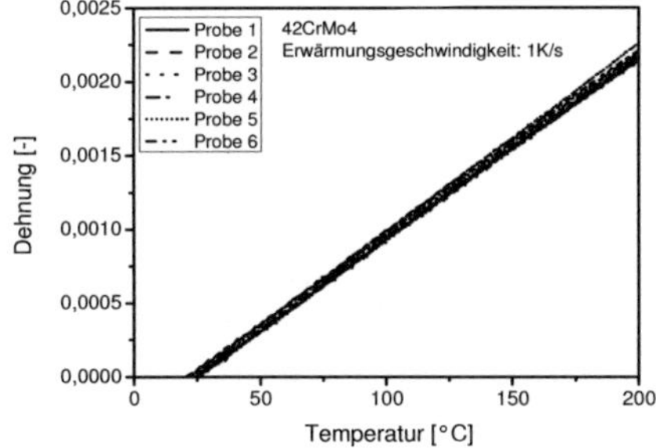

Abb. 5-4: Bestimmung des thermischen Ausdehnungskoeffizienten von Martensit

Thermischer Ausdehnungskoeffizient in 10^{-6} 1/K	Ausgangs- gefüge	Austenit	Martensit	Bainit [81]
Min	15,367	23,01	12,25	
Mittelwert	15,44	23,26	12,40	16,00
Max	15,492	23,45	12,65	

Tabelle 5-1: Ermittelte thermische Ausdehnungskoeffizienten für den Stahl 42CrMo4

Umwandlungsdehnung [%]	*Ferrit → Austenit*	*Austenit → Martensit*
Min	0,892	0,945
Mittelwert	0,919	0,954
Max	0,949	0,96

Tabelle 5-2: Ermittelte „ lineare" (nicht volumenbezogene) Umwandlungsdehnung für den Stahl 42CrMo4

5.2 Umwandlungsplastizität während der Austenitisierung

5.2.1 Austenitisierungsversuche unter Belastung

Die Dehnungsverläufe der Austenitisierungsversuche unter Druckbelastung sind Abb. 5-5 zu entnehmen. Aufgrund der Versuchsführung wurden die Dehnungen auf die Temperatur T = 550 °C normiert, nachdem die konstante Kraft aufgebracht wurde. Mit zunehmender Belastung tritt Kriechen stärker in den Vordergrund, was sich durch einen verstärkten Dehnungsabfall vor und nach der Phasenumwandlung äußert. Vor der Umwandlung weisen die Kurven mit - 10 und - 15 MPa sowie - 20 und - 25 MPa einen relativ ähnlichen Verlauf auf. Ein deutlicher Unterschied tritt erst nach der Phasenumwandlung auf. Bei - 30 MPa führt Kriechen zu einer kontinuierlichen Abnahme der Dehnung.

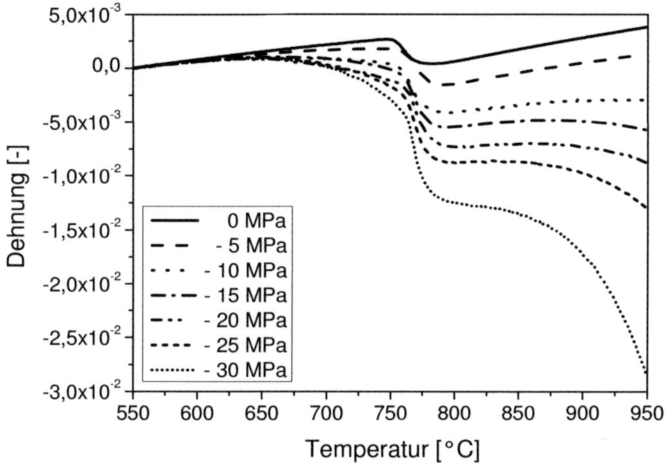

Abb. 5-5: Gemessene Dehnung während der Austenitisierung unter Druckbelastung bei einer Erwärmungsgeschwindigkeit von 1 K/s

Außerdem ist die Verschiebung der Anfangs- und Endtemperatur der Umwandlung zu höheren Temperaturen erkennbar, wie bereits angesprochen wurde. Unter einachsiger Belastung wirkt die Druckspannung nur in eine der drei Hauptrichtungen und würde somit die Umwandlung nur in diese Richtung begünstigen. Jedoch wirken die anderen beiden Hauptrichtungen senkrecht dazu und werden aufgrund der Querkontraktion von der einachsigen Belastung in Axialrichtung behindert. Diese führt letztendlich zu der Verschiebung zu höheren Temperaturen, obwohl zunächst eine gegenläufige Tendenz zu erwarten wäre.

Wie jedoch aus Abb. 5-5 auch ersichtlich wird, ist eine Auswertung bezüglich des Austenitanteils relativ schwierig, da das Hebelgesetz nicht wie bei spannungsfreien Dilatometerversuchen eingesetzt werden kann. Abb. 5-6 zeigt beispielhaft den Dehnungsverlauf bei einer Belastung von - 10 MPa sowie die verwendeten Tangenten zur Bestimmung des Umwandlungsanfangs und -endes. Für das Ausgangsgefüge ist die Wahl einer geeigneten Tangente deutlich schwieriger, da im Gegensatz zum Austenitgebiet keine lineare Steigung vorhanden ist, die auf die thermische Ausdehnung des Austenits zurückführbar ist. Der Dehnungsverlauf bei einer Belastung von - 30 MPa in Abb. 5-5 lässt den Beginn der Phasenumwandlung bei der leichten Unstetigkeit des Verlaufes annehmen. Dieses Verhalten ist bei allen Versuchen unter Belastung erkennbar. Unter dieser Voraussetzung stellt die Bestimmung der Anfangstemperatur sowie auch des Austenitanteils ein gewisses Fehlerpotential dar. Die anschliessende Auswertung erfolgt durch das Hebelgesetz unter Verwendung der Steigungen aus dem spannungsfreien Versuch (siehe Tabelle 5-3).

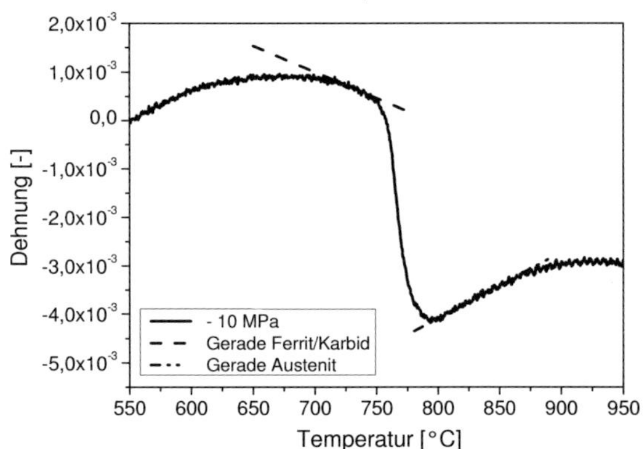

Abb. 5-6: Vorgehensweise zur Bestimmung der Anfangs- und End-temperatur sowie dem Austenitanteil über der Temperatur

In Abb. 5-7 sind die Verläufe des Austenitanteils in Abhängigkeit von der Temperatur dargestellt, wobei aufgrund der Übersichtlichkeit nicht alle Lasthorizonte berücksichtigt werden. Die Anfangs- und Endtemperaturen verschieben sich zu höheren Temperaturen, jedoch ist keine verkürzte

Umwandlungsdauer wie in [104] zu erkennen. Bei Versuchen mit einer noch langsameren Erwärmungsgeschwindigkeit von 0,5 K/s ergab die Auswertung eine ähnliche Entwicklung, wie in Abb. 5-8 gezeigt. Für beide Erwärmungsgeschwindigkeiten wird die Endtemperatur deutlich stärker zu höheren Temperaturen verschoben, als dies für die Anfangstemperatur geschieht. Bei der Anfangstemperatur beträgt die Verschiebung bis zu 15 K, wohingegen bis zu 35 K für die Endtemperatur festgestellt werden können. Der größere Einfluss der Spannung auf die Endtemperatur der Umwandlung wird beim Vergleich des spannungsfreien Versuchs mit demjenigen bei - 10 MPa Belastung deutlich sichtbar. Bei Belastungen von - 20 und - 30 MPa sowie einer Erwärmungsgeschwindigkeit von 1 K/s zeigt sich bei der Auswertung eine schnellere Umwandlung zu Beginn für die - 30 MPa Belastung. Im mittleren Umwandlungsbereich liegen beide Kurven aufeinander, wobei eine verlangsamte Umwandlung gegen Ende für die höhere Belastung ausgemacht werden kann.

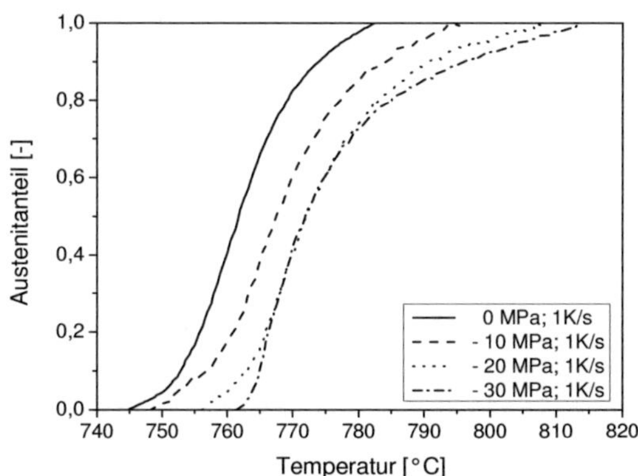

Abb. 5-7: Austenitanteil als Funktion der Temperatur in Abhängigkeit der Belastung bei einer Erwärmungsgeschwindigkeit von 1 K/s

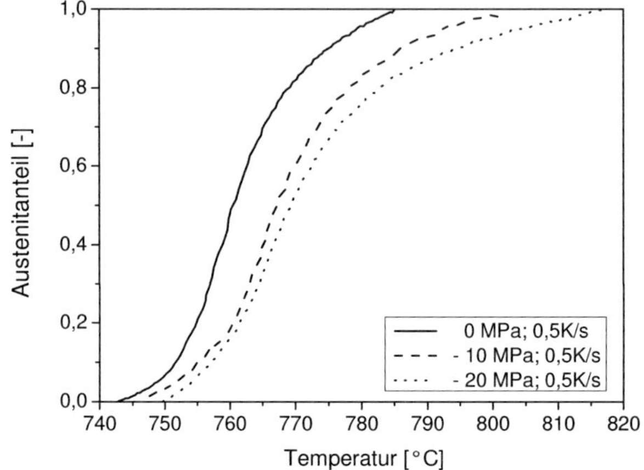

Abb. 5-8: Austenitanteil als Funktion der Temperatur in Abhängigkeit der Belastung bei einer Erwärmungsgeschwindigkeit von 0,5 K/s

Abb. 5-9 beinhaltet einen direkten Vergleich zwischen den Verläufen des Austenitanteils für die unterschiedlichen Erwärmungsgeschwindigkeiten. In beiden Fällen ergibt die Auswertung sehr ähnliche Verläufe, unabhängig von der Erwärmungsgeschwindigkeit. Zu erkennen ist, dass bei der höheren Erwärmungsgeschwindigkeit die Anfangstemperatur etwas höher liegt, jedoch die Endtemperatur dafür früher erreicht wird. Dies gilt sowohl für den spannungsfreien als auch spannungsbehafteten Versuch. Für die weitere Auswertung zur Berechnung der Umwandlungsplastizitätskonstante werden nur die Versuche bei der Erwärmungsgeschwindigkeit von 1 K/s betrachtet.

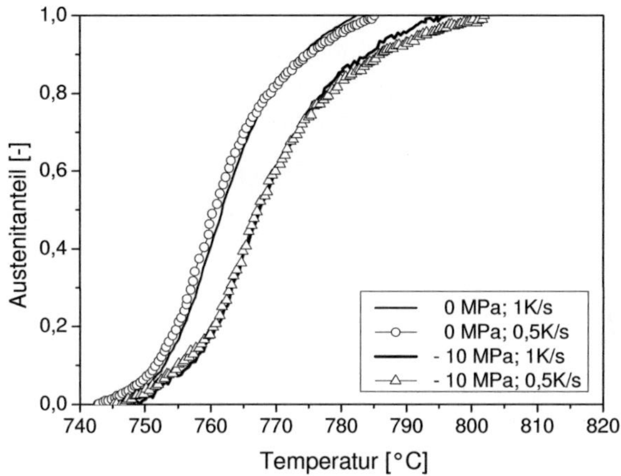

Abb. 5-9: Direkter Vergleich der Austenitanteile in Abhängigkeit der Temperatur für verschiedene Erwärmungsgeschwindigkeiten

Während der Austenitisierungsversuche liegt überwiegend Primärkriechen vor, was eine Kriechverfestigung zur Folge hat. Diese würde zu einer Erhöhung der Versetzungsdichte führen und dadurch eine zusätzliche Triebkraft für die Phasenumwandlung darstellen. Die niedrigere Anfangstemperatur im Falle der langsameren Erwärmung bei einer Belastung von - 10 MPa könnte darauf hinweisen. Jedoch zeigt sich, dass die aufgeprägten Spannungen einen größeren Einfluss auf die Umwandlung haben und somit tendenziell zu einer Erhöhung mit steigender Spannung führen.

5.2.2 Auswertung der TRIP Dehnung

Die Auswertung der Austenitisierungsversuche unter Belastung zur Bestimmung der TRIP-Dehnung beruhen auf Ansätzen aus [106]. Wie bereits gezeigt werden konnte, spielt Kriechen eine wichtige Rolle, da die gemessene Dehnung stark beeinflusst wird. Jedoch ist eine alleinige Beschreibung der Kriechdehnung ε^{Kr} als Teil der gemessenen Dehnung ε^{exp} nicht ausreichend, da der verwendete Werkstoff 42CrMo4 im vergüteten Ausgangszustand vorlag und somit bei einer Erwärmungsgeschwindigkeit von 1 K/s zusätzlich Anlasseffekte zu berücksichtigen sind. Aus diesem Grund wurden keine Kriechversuche wie in [106] zur Beschreibung herangezogen, sondern eine Parameteridentifikation anhand der thermischen Dehnung durchgeführt, wie im weiteren Verlauf noch gezeigt wird.

Bevor jedoch auf die Auswertung eingegangen wird, werden die restlichen Annahmen erläutert. Die gemessene Dehnung ε^{exp} (vgl. Abb. 5-5) ergibt sich durch Aufsummierung der einzelnen Dehnungsanteile wie folgt:

$$\varepsilon^{exp}(t) = \varepsilon^{th}(t) + \varepsilon^{tr}(t) + \varepsilon^{el}(t) + \varepsilon^{Kr}(t) + \varepsilon^{tp}(t), \qquad (5.43)$$

wobei die $\varepsilon^{th}(t)$ die thermische Dehnung, $\varepsilon^{tr}(t)$ die umwandlungsbedingte Dehnung, $\varepsilon^{el}(t)$ die elastische Dehnung, $\varepsilon^{Kr}(t)$ die Kriech- sowie Anlassdehnung und $\varepsilon^{tp}(t)$ die TRIP-Dehnung sind. Basierend auf der Auswertung der Umwandlungskinetik (vgl. Abb. 5-7) wird der Einfluss der einachsigen Belastung bei der Bestimmung der einzelnen Dehnungsanteile berücksichtigt, da die Dehnungsanteile über den gesamten Temperaturbereich beschrieben werden müssen.

Die thermische und umwandlungsbedingte Dehnung wird aus der spannungsfreien Dilatometerkurve extrahiert, indem die thermischen Ausdehnungskoeffizienten sowie die lineare Umwandlungsdehnung bestimmt werden. Es wurde nicht auf die Daten in Abschnitt 5.1 zurückgegriffen, um mögliche Probeneinflüsse auszuschließen. Aus der spannungsfreien Dilatometerkurve ergaben sich folgende Parameter:

Therm. Ausdehnungskoeffizient F/K	$15{,}72 \times 10^{-6}$ 1/k
Therm. Ausdehnungskoeffizient A	$22{,}67 \times 10^{-6}$ 1/k
Umwandlungsdehnung F/K $\rightarrow$ A	$0{,}0085$

Tabelle 5-3: Thermische Ausdehnungskoeffizienten und lineare Umwandlungsdehnung zur Auswertung der TRIP-Dehnung

Mit den Parametern aus Tabelle 5-3 können die beiden Dehnungsanteile berechnet und von den gemessenen Dehnung abgezogen werden, wie in Abb. 5-10 dargestellt.

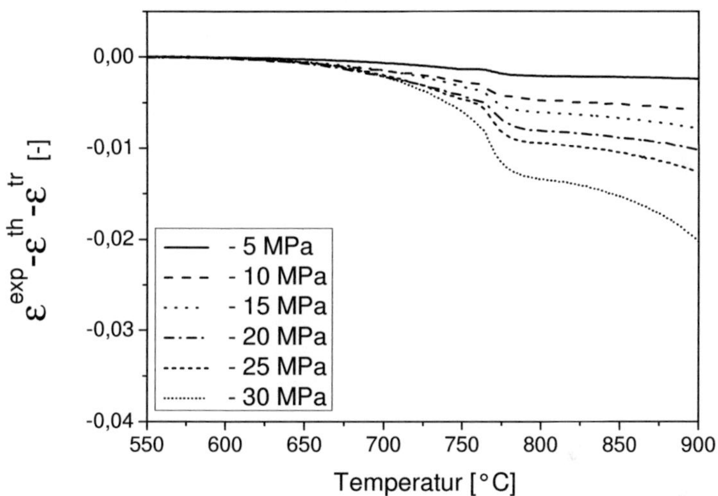

Abb. 5-10: Gemessene Dehnung ohne thermische und
umwandlungsbedingte Dehnung

Als nächster Schritt muss die elastische Dehnung aufgrund der aufgebrachten Belastung eliminiert werden. Hierzu wurden die Elastizitäts-Module für das Ausgangsgefüge und den Austenit temperaturabhängig wie folgt berücksichtigt:

$$E_{F/K,A}(T) = a_{F/K,A} \cdot T + b_{F/K,A},$$
(5.1)

wobei die lineare Anpassung der Elastizitäts-Module auf den Daten in [81] beruht. Aufgrund der im Vergleich niedrigen Spannungen sowie hohen

Elastizitäts-Modulen verschieben sich die Dehnungsverläufe aus Abb. 5-10 nur leicht nach oben, wie aus Abb. 5-11 ersichtlich wird.

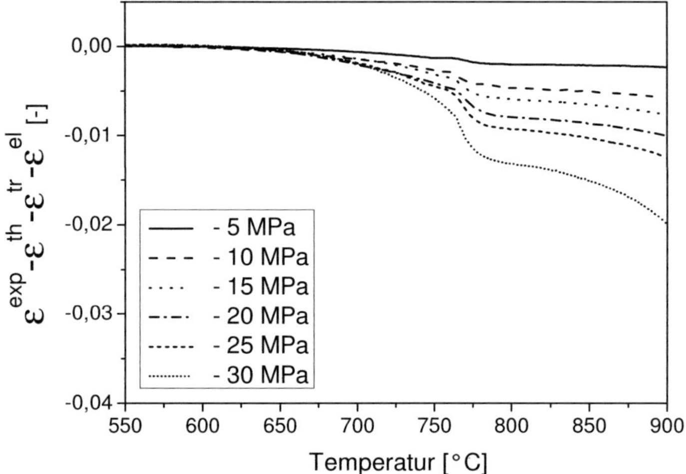

Abb. 5-11: Gemessene Dehnung ohne thermische, umwandlungsbedingte und elastische Dehnung

Zur Bestimmung der reinen TRIP Dehnung muss noch die Kriech- und Anlassdehnung berücksichtigt werden. Beide Anteile werden vereinfacht durch einen Kriechansatz aus [106] beschrieben, der in seiner allgemeingültigen Form wie folgt lautet:

$$\dot{\varepsilon}_{ij}^{Kr} = \frac{3}{2} \cdot A \cdot \left(\frac{\sigma_{vM}\left(\sigma_{ij} - X_{ij}^{Kr}\right)}{D_{Kr}} \right)^{m-1} \cdot \frac{s_{ij} - X_{ij}^{Kr*}}{D_{Kr}} \cdot s_{Kr}^{p}, \tag{5.2}$$

wobei die Materialparameter $A > 0$ und $m > 0$ neben der Temperatur auch von anderen Größen wie der akkumulierten Kriechdehnung s_{Kr} abhängen können. σ_{vM} stellt die Vergleichsspannung nach von Mises dar, X_{ij}^{Kr} ist der

Rückspannungstensor und D_{Kr} der sogenannte „drag stress". Dieser wird in der Modellierung vernachlässigt und auf 1 MPa gesetzt. Dasselbe gilt für den Rückspannungstensor, sodass der Parameter p den Kriechbereich definiert und für das Primärkriechen < 0 sein muss.

Hieraus ergibt sich unter Berücksichtigung einachsiger Versuchsführung folgende Gleichung für die Kriechrate $\dot{\varepsilon}^{Kr}$:

$$\dot{\varepsilon}^{Kr} = A \cdot \sigma^m \cdot s_{Kr}^k, \tag{5.3}$$

wobei σ die einachsige Spannung aus dem Versuch darstellt. Die Temperaturabhängigkeit von A wird über einen Arrhenius-Ansatz beschrieben:

$$A = A_0 \cdot exp\left[-\frac{Q_0}{kT}\right]. \tag{5.4}$$

Darin stellt A_0 eine Konstante dar und Q_0 ist die Aktivierungsenthalpie des Kriechprozesses. Die akkumulierte Kriechdehnung s_{Kr} kann wie folgt wiedergegeben werden:

$$s_{Kr} = \int_0^t |\dot{\varepsilon}_{Kr}(\tau)| \cdot d\tau \tag{5.5}$$

und entspricht der gemessenen Kriechdehnung in Abhängigkeit der Zeit bei konstanter Spannung. Die Parameter m und k werden als temperaturabhängig angenommen und mit einem linearen Ansatz beschrieben. Die Bestimmung der aus diesem Ansatz resultierenden sechs Anpassparameter erfolgt durch die Minimierung der Fehlerquadratsumme. Hierzu wurde die Dehnungsdifferenz zu einem horizontalen Verlauf vor und nach der Phasenumwandlung für die Dehnungen aus Abb. 5-11 entsprechend mit dem Kriechansatz angepasst. Die resultierenden Anpassparameter für die verschiedenen Lasthorizonte sind in Tabelle 5-4 aufgelistet.

	Ausgangsgefüge (F/K) Belastung in MPa						Austenit (A) Belastung in MPa					
	- 5	- 10	- 15	- 20	- 25	- 30	- 5	- 10	-15	- 20	- 25	- 30
A_0	1948,809804						0,964645776					
k_0	-0,47509233						-0,041696254					
k_1	0,009400875						0,00112192					
m_0	6,194642086						0,945867839					
m_1	-0,004189471						-0,000241561					
Q_0	2,227	2,232	2,267	2,2524	2,454	2,441	1,446	1,346	1,782	1,346	1,306	1,256

Tabelle 5-4: Fitparameter zur Anpassung der Kriech- und Anlassdehnung

Die Bestimmung der Anpassungsparameter für das Ausgangsgefüge und Austenit wird vor und nach der Umwandlung durchgeführt, da in diesen Temperaturintervallen nur die thermische und die elastische Dehnung wirksam ist, die über die bereits gezeigten Ansätze berücksichtigt werden kann. Somit muss sich bei einer optimalen Beschreibung nach Abzug aller Dehnungen mit Ausnahme der TRIP-Dehnung ein horizontaler Dehnungsverlauf einstellen, wie in Abb. 5-12 gezeigt. Während der Umwandlung werden Kriechdehnungen aufgrund der verschiedenen Phasen wie bereits bei der elastischen Dehnung berücksichtigt.

Aus Abb. 5-12 geht hervor, dass die Beschreibung der Kriechdehnung einen nahezu horizontalen Verlauf der Dehnung vor und nach der Umwandlung ergibt. Mit zunehmender Belastung sind größere Abweichungen zu erkennen, vor allem nach der Umwandlung. Bei einer Belastung von - 30 MPa weist die Beschreibung der Kriechdehnung des austenitischen Gefüges keinen horizontalen Verlauf auf. Hierbei ist zu bedenken, dass bei Temperaturen um die 900 °C die Warmstreckgrenze bei ca. 30 MPa liegt und somit die Berücksichtigung eines plastischen Dehnungsanteils notwendig sein könnte. Für die Versuche bis - 15 MPa ist ein annähernd horizontaler Verlauf im Austenitgebiet zu erkennen. Für Druckspannungen von - 20 und - 25 MPa weicht der Verlauf ab einer Temperatur von 850 °C immer stärker vom horizontalen Verlauf ab.

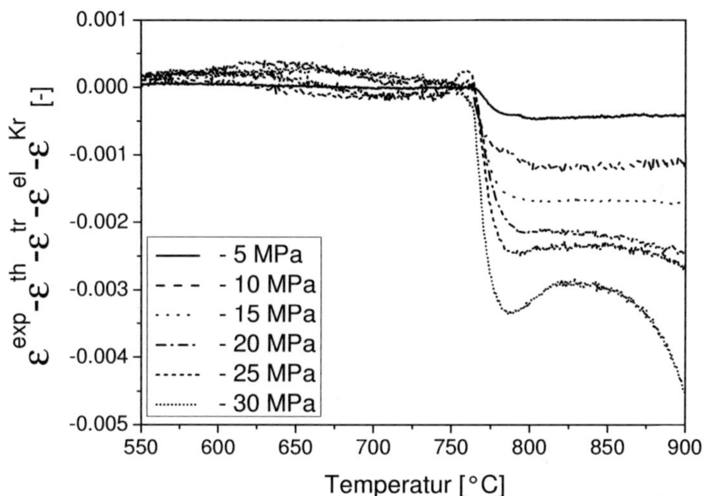

Abb. 5-12: Gemessene Dehnung ohne thermische, umwandlungsbedingte, elastische und kriech- sowie anlassbedingte Dehnung

Die Bestimmung der TRIP Dehnung ergibt sich aus der Differenz der horizontalen Dehnungsverläufe vor und nach der Umwandlung, wie aus Abb. 5-12 ersichtlich wird. Die Umwandlungsplastizitätskonstante K kann durch Auftragen über der Spannung abgeleitet werden. Zu der gemessenen TRIP-Dehnung, die durch die vorangegangene Auswertung abgeleitet wurde, sind auch die berechneten TRIP Dehnungen in Abb. 5-13 angegeben, deren Herleitung noch erörtert wird. Für die Bestimmung von K wurden zwei Ausgleichgeraden bestimmt, da bei höheren Spannungen erwartet werden kann, dass die Auswertung womöglich auch zu größeren Abweichungen bei der Bestimmung der TRIP-Dehnung führt. Wie aus Abb. 5-13 hervorgeht, unterscheiden sich die Umwandlungsplastizitätskonstanten nur wenig voneinander und ergeben unter der Betrachtung aller Spannungen K = 1,024×10^{-4} MPa^{-1} sowie nur für die Spannungen von - 5 MPa bis - 20 MPa einen leicht größeren Wert von K = 1,098×10^{-4} MPa^{-1}.

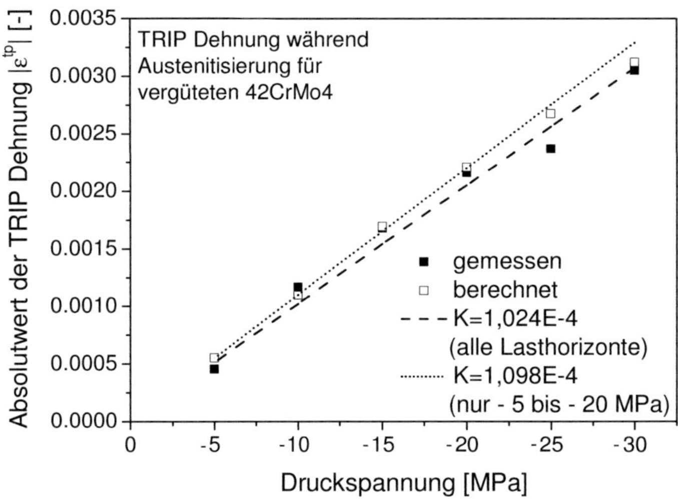

Abb. 5-13: Bestimmung der Umwandlungsplastizitätskonstante K

Die Berechnung der TRIP-Dehnung beruht auf der Integration der Dehnrate $\dot{\varepsilon}^{tp}$, die unter einachsiger Belastung wie folgt beschrieben werden kann [106]:

$$\dot{\varepsilon}^{tp} = K \cdot \sigma \cdot \frac{d\phi}{df} \cdot \dot{f}. \tag{5.6}$$

Für die Auswertung wurde der Ansatz nach Tanaka mit $\phi(f) = f$ verwendet [100], womit die Dehnrate folgende Form annimmt:

$$\dot{\varepsilon}^{tp} = K \cdot \sigma \cdot \dot{f}. \tag{5.7}$$

Die Berechnung der TRIP-Dehnung mit Gleichung *(5.7)* und $K = 1{,}024 \times 10^{-4}$ MPa^{-1} führt zu den Verläufen in Abb. 5-14, die den „Gemessenen" gegenübergestellt sind. Bei einer Belastung von - 5 MPa wird die TRIP-Dehnung leicht überschätzt und bei den besagten Spannungen von - 25 und - 30 MPa, bei denen eine Auswertung relativ schwierig ist, sind größere Abweichungen erkennbar. Die Entwicklung der TRIP-Dehnung während der Phasenumwandlung wird bei der Auswertung von den Annahmen zu den einzelnen Dehnungsanteilen überlagert, jedoch zeichnet sich für die niedrigeren Spannungen eine zufriedenstellende Übereinstimmung ab.

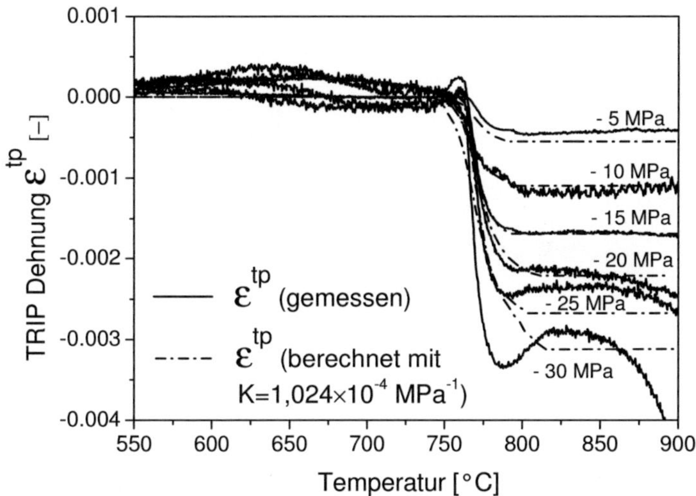

Abb. 5-14: Gegenüberstellung der gemessenen und berechneten TRIP Dehnung

Die abschließende Gegenüberstellung der gemessenen und berechneten TRIP Dehnung in Abb. 5-15 zeigt, dass die größten Abweichungen bei den Spannungen von - 25 und - 30 MPa auftreten. Für die mittleren Spannungshorizonte bewegen sich die Abweichungen in einem zufriedenstellenden Streuband zwischen circa 1 bis 20 %.

Zusammenfassend lässt sich sagen, dass der ermittelte Wert für die Umwandlungsplastizitätskonstante K während der Austenitisierung, im Einklang mit der Literatur, größer als bei der martensitischen Umwandlung ist ($K = 4{,}2 \times 10^{-5}$ MPa^{-1}). Im Vergleich mit anderen Literaturwerten ist eine Einschätzung zur Richtigkeit des ermittelten K-Wertes nicht möglich, da die Literatur keine eindeutige Aussage zulässt. Für 100Cr6 liegt der K-Wert mit $K = 2{,}1 \times 10^{-4}$ MPa^{-1} [106] höher als für 20MnCr5 mit $K = 1{,}24 \times 10^{-4}$ MPa^{-1} [97], wohingegen für den französischen Stahl 16MND5 (vergleichbar 16MnNiMo5) ein Wert ähnlich des 100Cr6 mit $K = 2 \times 10^{-4}$ MPa^{-1} angegeben wird [98]. Im Unterschied zu allen anderen Arbeiten, und in Übereinstimmung mit [104], zeigt sich eine Verschiebung der Umwandlungstemperaturen, auch wenn deren exakte Bestimmung aufgrund der Überlagerung des Kriechens mit einem gewissen Fehler verbunden ist.

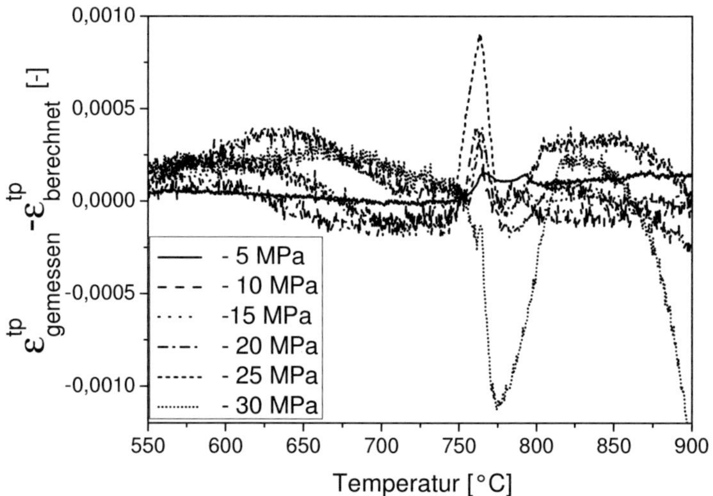

Abb. 5-15: Differenz zwischen gemessener und berechneter TRIP Dehnung

5.3 Warmzugversuch

5.3.1 Ausgangsgefüge

Die Ergebnisse zur Charakterisierung des Ausgangsgefüges in Form von Fließkurven sind in Abhängigkeit der jeweiligen Versuchstemperatur in Abb. 5-16 dargestellt. Bei allen Versuchen wurde die $R_{p0,1}$-Dehngrenze für eine genauere Bestimmung des Übergangs vom elastischen zum plastischen Materialverhalten herangezogen.

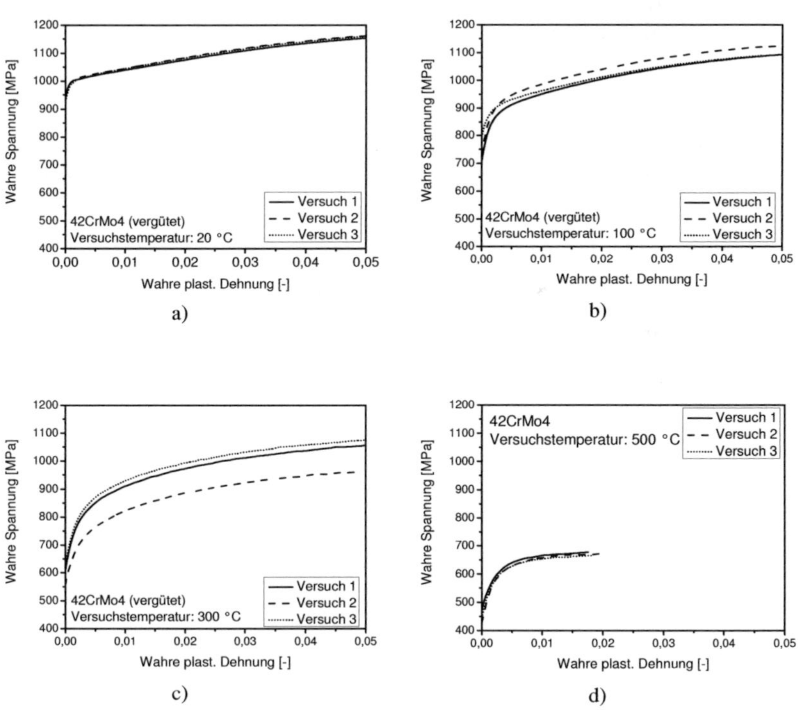

Abb. 5-16: Fließkurven für Ausgangszustand des 42CrMo4 im vergüteten Zustand für 20 °C (a), 100 °C (b), 300 °C (c), und 500 °C (d)

Bei Raumtemperatur (20°C) sind nur minimale Unterschiede im Verlauf der einzelnen Fließkurven erkennbar. Mit Erreichen der $R_{p0,1}$ -Dehngrenze nimmt die Spannung mit zunehmender plastischer Dehnung stark zu, was einer hohen Verfestigung gleichkommt. Ab einer wahren Spannung von 1000 MPa steigt die für eine weitere Plastizierung nötige Spannung nur noch flach an. Bei höheren Temperaturen ist der Anfangsbereich des Steilanstiegs deutlich ausgeprägter und erstreckt sich über einen größeren Dehnungsbereich als bei Raumtemperatur. Für die Prüftemperaturen 100 und 300 °C sind Schwankungen in den Messergebnissen erkennbar, wobei der qualitative Verlauf erhalten bleibt. Die Abweichungen sind auf die Versuchsdurchführung zurückzuführen. Bei 500 °C fiel die Nennspannung schon bei sehr geringen Dehnungen von 1,8 % ab. Dies führt im Vergleich mit den niedrigeren Prüftemperaturen zu relativ kleinen Dehnungsbereichen, ist jedoch für die Verwendung bei der numerischen Berechnung ausreichend.

In Abb. 5-17 sind neben den temperaturabhängigen Fließkurven des Ausgangsgefüges auch die $R_{p0,1}$ -Dehngrenzen wiedergegeben. Die Fließkurve bei 700 °C wurde mit der Prüfeinrichtung aus Abb. 3-17 bestimmt. Der annähernd lineare Abfall der $R_{p0,1}$ –Dehngrenze mit der Temperatur spricht für die Validität der ermittelten Fließkurve bei 700 °C. Wie bereits bei einer Prüftemperatur von 500 °C, ist eine Auswertung nur bis zu einer wahren plastischen Dehnung von 1 % möglich.

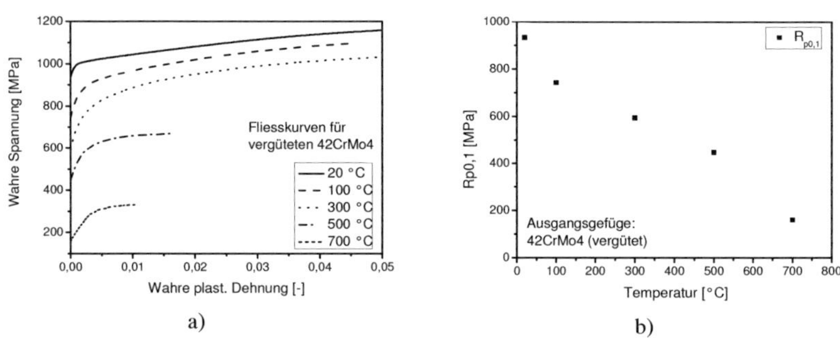

Abb. 5-17: Fließkurven für vergüteten 42CrMo4 im Ausgangszustand (a) sowie $R_{p0,1}$-Dehngrenzen in Abhängigkeit der Temperatur (b)

5.3.2 **Unterkühlter Austenit**

Die Ergebnisse der temperaturabhängigen Fließkurven der austenitischen Phase von 42CrMo4 sind zusammen mit den entsprechenden $R_{p0,1}$ - Dehngrenzen in Abb. 5-18 wiedergegeben. Mit sinkender Temperatur nimmt die Festigkeit des Austenits zu. Bei einer Temperatur von 600 °C konnte der Abfall der Spannung bei 1% wahrer plastischer Dehnung in mehreren Versuchen reproduziert werden. Bei einer niedrigeren Dehnrate konnte eine schwächere Ausprägung festgestellt werden. Unter Berücksichtigung der Temperatur sowie der Dehnrate kann der Einfluss auf die statische Reckalterung durch Substitutionsatome zurückgeführt werden. Während der Austenitisierung bei 900 °C können die Substitutionsatome zu den Versetzungen hin diffundieren und Fremdatomwolken bilden. Während dem Zugversuch ist die Diffusionsgeschwindigkeit zu niedrig und die Versetzungen lösen sich von den Fremdatomwolken, was sich in einer erhöhten Streckgrenze sowie einem unstetigen Fließen im Spannungs-Dehnungs-Diagramm bemerkbar macht.

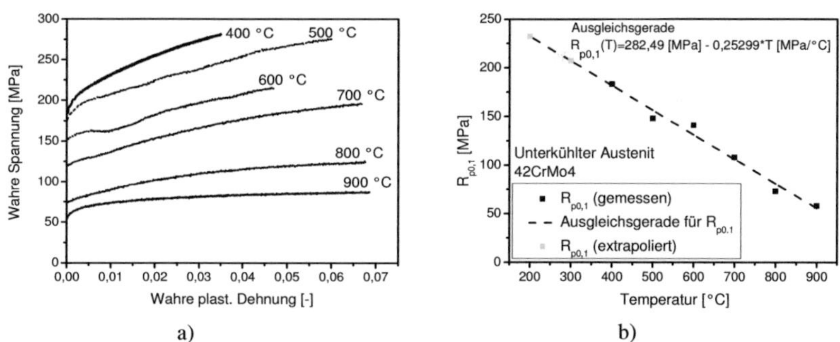

Abb. 5-18: Temperaturabhängige Fließkurven (a) und $R_{p0,1}$-Dehngrenzen (b) für unterkühlten Austenit

Aus dem Verlauf der $R_{p0,1}$ -Dehngrenze über der Temperatur wird ersichtlich, dass ein annähernd linearer Zusammenhang vorliegt, wie bereits in anderen Untersuchungen festgestellt werden konnte [173]. Durch eine lineare Extrapolation wurden die Werte für 200 und 300 °C berechnet, da eine experimentelle Bestimmung aufgrund der martensitischen Umwandlung ab 340 °C nicht möglich ist.

5.4   Dynamische Differenzkalorimetrie

Die aus dynamischen Differenzenkalorimetriemessungen ermittelte spezifische Wärmekapazität c_p ist in Abb. 5-19 dargestellt. Zunächst steigt die spezifische Wärmekapazität stetig an, bis bei ungefähr 600 °C ein sehr leichtes Abflachen erkennbar ist, was womöglich auf den vergüteten Gefügezustand und den damit verbundenen Gefügeänderungen zurückzuführen ist. Mit dem Erreichen der Curie-Temperatur wird das Maximum der spezifischen Wärmekapazität erreicht, da der Werkstoff paramagnetisch wird. Danach fällt die spezifische Wärmekapazität steil ab und steigt nur noch sehr flach mit zunehmender Temperatur an. Die Messungen weisen eine sehr gute Übereinstimmung auf. Das Maximum wird bei einer Temperatur um die 775 °C gemessen, was leicht über der Curie-Temperatur reinen Eisens liegt.

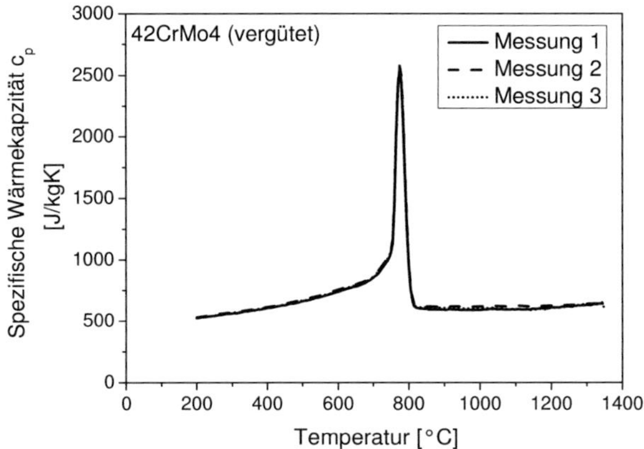

Abb. 5-19: Spezifische Wärmekapazität für vergüteten 42CrMo4

5.5 Magnetisierungskurven

5.5.1 Experimentelle Ergebnisse

Abb. 5-20 zeigt exemplarisch den experimentell bestimmten Verlauf der magnetischen Hysteresekurve für 42CrMo4 bei einer Temperatur von 25 °C. Deutlich zu erkennen ist der stufenförmige Verlauf entlang der steigenden und fallenden Flanke. Dieser hängt mit der Polarisation des Werkstoffes unter Einfluss eines externen Magnetfeldes zusammen und ist auf die Bewegung der Blochwände zurückzuführen, die nicht kontinuierlich abläuft [174]. Während der Messungen konnte eine leichte Verschiebung der magnetischen Hysteresekurve festgestellt werden, wie im unteren Bereich der Abb. 5-20 ersichtlich wird. Diese hat jedoch keinen signifikanten Einfluss auf die Auswertung. Wenn die Leistungsquelle geregelt wird, um eine Sinusform des Stromes zu ermöglichen, kann eine Spannungsdifferenz zwischen den einzelnen Peaks auftreten, die zu einer Verstärkung des Magnetfeldes führt und somit einen Offset hervorruft.

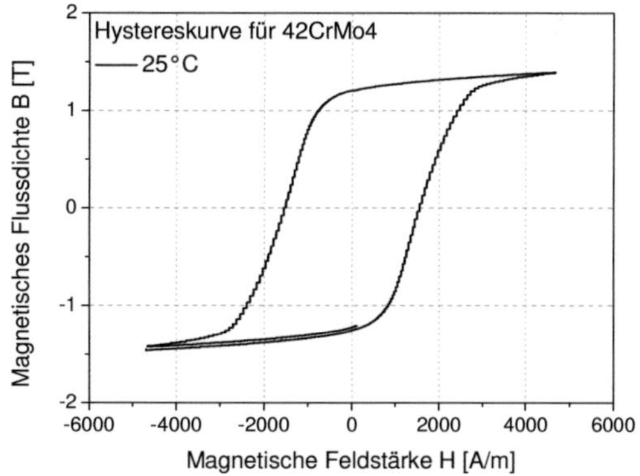

Abb. 5-20: Magnetische Hysteresekurve für den Werkstoff 42CrMo4 (25 °C)

Aus Abb. 5-21 sind magnetische Hysteresekurven für 42CrMo4 in Abhängigkeit der Temperatur zu entnehmen. Zur Übersichtlichkeit werden nicht alle Messungen dargestellt. Im unteren Temperaturbereich bis 400 °C ist zu erkennen, dass die Fläche unter der magnetischen Hysteresekurve schmaler und die magnetische Sättigung früher erreicht wird. Erst bei einer Temperatur von 600 °C ist eine deutlich Abnahme der Sättigung zu erkennen, was sich im parallelen Verlauf im Sättigungsbereich bei einer niedrigeren Flussdichte verdeutlicht. Mit abnehmender Differenz zur Curie-Temperatur wird die Absenkung der Sättigung verstärkt. Die Hysteresekurve bei 780 °C weist immer noch kein vollständig paramagnetisches Verhalten auf.

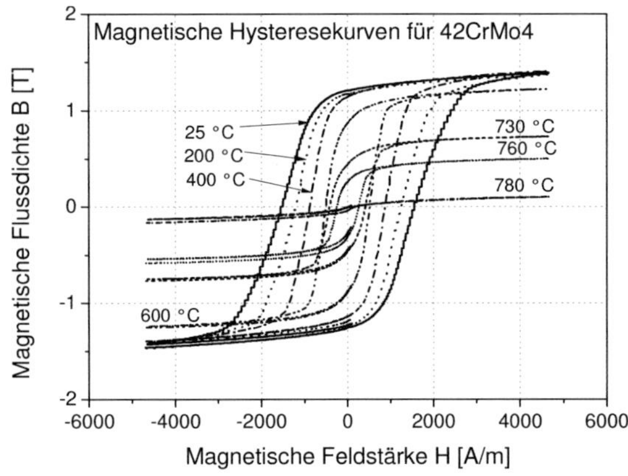

Abb. 5-21: Repräsentative Übersicht der gemessenen Hysteresekurven

Über die magnetische Hysteresekurve kann auf die Magnetisierungskurve geschlossen werden, wobei diese die sogenannte Neukurve darstellt, die beim erstmaligen Magnetisieren bis zur Sättigung auftreten würde. Für die Bestimmung der Magnetisierungskurve wird die magnetische Hysteresekurve gemittelt, wobei nur die positiven Werte der magnetische Flussdichte B berücksichtigt werden. Die resultierenden Magentisierungskurven sind in Abb. 5-22 wiedergegeben.

Im Bereich höherer Magnetfeldstärken um die 3000 A/m ist bei einigen Kurven eine leichte Unstetigkeit im Verlauf erkennbar. Aufgrund der Korrektur der Verschiebung zueinander, hervorgerufen durch die Spannungsdifferenz zwischen den einzelnen Peaks, entsteht bei der Mittelung eine Verlagerung. Dies wirkt sich nur im Bereich höherer Feldstärken auf die Auswertung in Form eines leichten Anstiegs aus. Zudem ist in Abb. 5-20 zu erkennen, dass der Offset bei höheren Feldstärken leicht größer ist. Aufgrund der angesprochen Problematik konnten maximale Feldstärken von 5000 A/m realisiert werden. Die Ergebnisse der magnetischen Hysteresekurven zeigen jedoch, dass der Werkstoff bei diesen Feldstärken bereits in Sättigung ist und somit eine vollständige Beschreibung des nichtlinearen Verhaltens möglich ist.

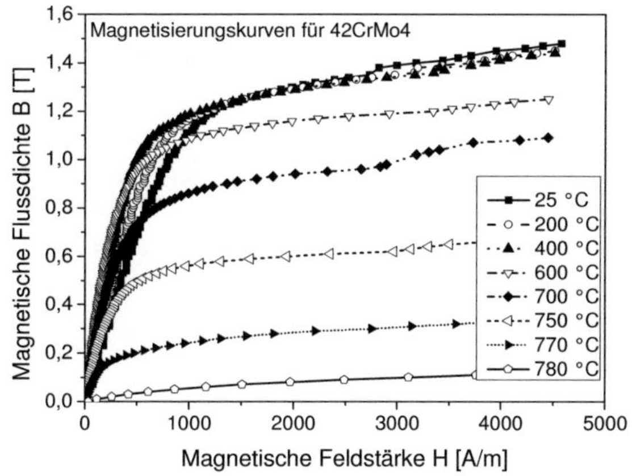

Abb. 5-22: Magnetisierungskurven für 42CrMo4

5.5.2 **Analytische Beschreibung**

In Kapitel 4.2 wurde auf die Berücksichtigung der magnetischen Nichtlinearität eingegangen. Hierbei wurde angemerkt, dass für die Berechnung der magnetischen Energie der realen Magnetisierungskurve eine analytische Beschreibung notwendig ist. In [155] wird die sogenannte Frohlich-Gleichung verwendet, da diese als guter Kompromiss zwischen Genauigkeit und Einfachheit angesehen wird:

$$\left|\vec{B}\right| = \frac{\left|\vec{H}\right|}{\alpha + \beta \cdot \left|\vec{H}\right|}, \qquad (5.8)$$

wobei α und β Konstanten darstellen. In [178] werden die Konstanten in Abhängigkeit von der Temperatur beschrieben und durch eine lineare Interpolation zwischen Stützpunkten berücksichtigt. Um jedoch einen funktionalen Zusammenhang in Abhängigkeit der magnetischen Feldstärke H und der Temperatur T zu haben, wurde ein analytisches Modell aus [176] implementiert. Dieses wird als analytische Sättigungskurve bezeichnet und kann wie folgt geschrieben werden:

$$\vec{B}\left(\left|\vec{H}\right|, T\right) = \mu_0 \cdot \left|\vec{H}\right| + \frac{2 \cdot B_S}{\pi} \cdot arctan\left[\frac{\pi \cdot (\mu_{r0}-1) \cdot \mu_0 \cdot \left|\vec{H}\right|}{2 \cdot B_S}\right] \cdot$$
$$\left(1 - exp\left[\frac{T-T_C}{C}\right]\right), \qquad (5.9)$$

wobei B_S die Polarisation bei Sättigung darstellen soll, μ_{r0} die Anfangssteigung der Magnetisierungskurve bei RT und T_C die Curie-Temperatur. Der Parameter C ist ein Fitparameter. Für die eigenen Simulationen wurden B_S und μ_{r0} ebenfalls aus den Messungen durch Parameteridentifikation in Matlab abgeleitet. Dabei ergaben sich für $B_S = 1,4\,T$, $\mu_{r0} = 2500$, $T_C = 785\,°C$ und $C = 60\,°C$. Eine Gegenüberstellung mit den experimentellen Daten ist in Abb. 5-23 zu finden.

Bei niedrigen Temperaturen bis 400 °C gibt das Modell eine annähernd gleichbleibende Kurve wieder, die leicht unterhalb des experimentellen Verlaufs liegt. Im Bereich der Sättigung sollten die Kurven von Experiment und Modell parallel zueinander Verlaufen, was aufgrund der angesprochenen Unstetigkeit jedoch nicht der Fall ist. Der Vergleich bei 600 °C zeigt, dass das Modell eine relativ gute Beschreibung ermöglicht, da neben der Anfangssteigung auch die Sättigung gut wiedergegeben wird. Zusammenfassend ist das Modell in der Lage, den Einfluss der magnetischen Feldstärke sowie der Temperatur gut wiederzugeben.

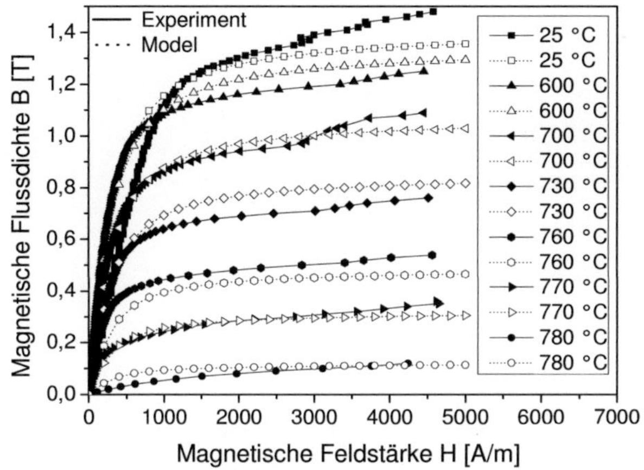

Abb. 5-23: Gegenüberstellung experimenteller Daten und dem Modell zur Beschreibung der Magnetisierungskurven

6. Induktionshärteexperimente zur Validierung der Simulation

6.1   Prozesskenngrößen

6.1.1 Induktorstrom

Für die Berechnung der induktiven Erwärmung wird eine Erregerquelle in Form einer Randbedingung benötigt. Für die experimentellen Induktionshärteexperimente stand ein Zweifrequenzgenerator zur Verfügung. Aufgrund der Schwingkreisanordnung ist eine Spannungsmessung an der Spule nicht möglich. Der Strom wurde, wie in Abschnitt 3.3 erläutert, am Ausgang des Wechselrichters gemessen, um in der numerischen Modellierung als Stromdichte vorgegeben zu werden. Abb. 6-1 zeigt beispielhaft den gemessenen Strom zu Beginn der induktiven Erwärmung.

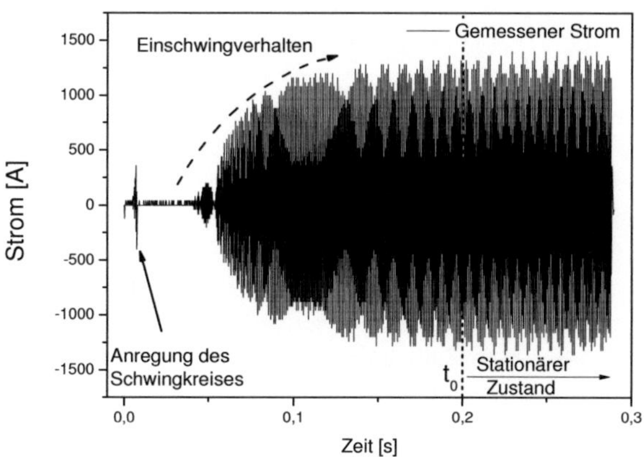

Abb. 6-1: Exemplarischer Stromverlauf beim induktiven Erwärmen

Zunächst wird der Schwingkreis angeregt, um die Resonanzfrequenz zu finden. Dieser Vorgang ist durch den anfänglichen Ausschlag gekennzeichnet. Nach einer gewissen Totzeit beginnt der Einschwingvorgang des Schwingkreises, gekennzeichnet durch den exponentiellen Anstieg des Spitzenstromes bis hin zu dem vorgegebenen Wert.

Wie aus dieser Darstellung ersichtlich, besteht grundsätzlich die Notwendigkeit, das Einschwingverhalten in der numerischen Modellierung zu berücksichtigen, da zu Beginn der Erwärmung nicht mit voller Leistung gearbeitet werden kann. Auf diesen Aspekt wird im nächsten Abschnitt nochmals eingegangen. Für die Charakterisierung des Erregerstromes im Induktor wird nur der stationäre Zustand zur Bestimmung der Stromstärke herangezogen. Hierzu wurden die gemessenen Daten mittels Matlab ausgewertet, indem durch Integration der Effektivwert (RMS) der Stromstärke I_{RMS} über folgende Gleichung berechnet wurde:

$$I_{RMS} = \sqrt{\frac{1}{t} \cdot \int_{t_0}^{t} i^2\left(\tau\right) \cdot d\tau}, \qquad (6.1)$$

wobei t die Zeit darstellt und i der zeitabhängige Strom ist. Mit der Rogowski-Spule konnte nur der halbe Schwingkreisstom gemessen werden und das Übersetzungsverhältnis des Ausgangstransformators betrug 6:2. Somit musste der berechnete Wert mit dem Faktor 6 multipliziert werden. Die entsprechenden Werte sind in Abb. 6-2 wiedergegeben. Wie zu erwarten besteht ein linearer Zusammenhang zwischen dem vorgegebenem Strom in % sowie dem gemessenen. Die Gleichungen der Ausgleichsgeraden wurden mittels Minimierung der Fehlerquadratsummen bestimmt. Für die MF-Versuche liegt ein deutlich kleineres Streuband vor. Dies kann auf den gemessen Offset bei den HF-Versuchen zurückgeführt werden. Bei allen Messungen wurde der Nullpunkt in den negativen Bereich verschoben. Aus diesem Grund musste bei der Auswertung zunächst der Nullpunkt bestimmt werden. Dieser wurde anhand des Mittelwertes berechnet und kann bei unsymmetrischem Verlauf des gemessenen Stromes zu Fehlern führen.

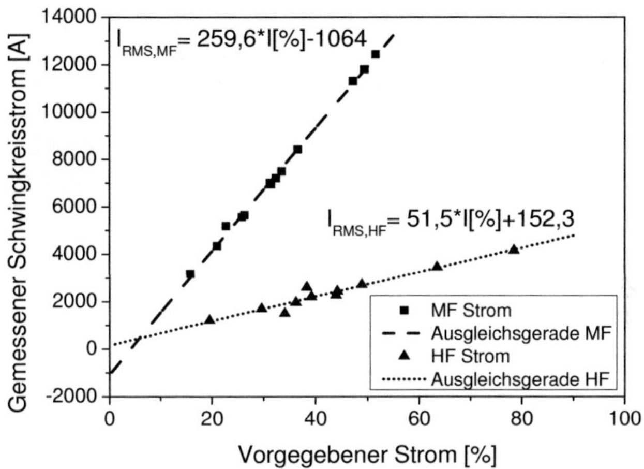

Abb. 6-2: Auswertung der gemessenen Schwingkreisströme und Korrelation zu vorgegebenem Wert

6.1.2 Temperaturmessung

Die Temperaturmessung dient der Kalibrierung sowie Validierung der Wärmeumsetzung im Bauteil. Für die Kalibrierung der MF- und HF-Modelle wurde die maximale Oberflächentemperatur für die Versuche MF12,5_500 und HF3,45_500 verwendet. Alle weiteren Messungen dienen der Validierung hinsichtlich des Temperaturverlaufes über der Zeit sowie der Spitzentemperatur an den verschiedenen Messstellen, die während des Härteprozesses erreicht werden. Im Folgenden werden nur die relevanten Messdaten diskutiert.

Abb. 6-3 zeigt den Verlauf der gemessenen Oberflächentemperaturen für die verschiedenen MF-Versuche (a) sowie die dazugehörigen Spitzentemperaturen an den Messstellen im Bauteilinneren (b). Deutlich erkennbar ist der deckungsgleiche Verlauf für die Versuche MF12,5_500 und MF12,5_400. Dies spricht für die gute Reproduzierbarkeit dieses Verfahrens, da die Messungen unabhängig voneinander gemacht wurden. Bei dem Versuch MF7,49_1000 wirkt sich die Curie-Temperatur und der damit verbundene Abfall der Erwärmungsgeschwindigkeit deutlich stärker aus als dies bei dem höheren Strom der Fall ist. Gut zu erkennen ist auch der steile Abfall nach abgeschlossener Erwärmung, hervorgerufen durch Wärmleitung ins Bauteilinnere. Der Verlauf bzw. die Temperaturmessung zu Beginn und während des Abschreckprozesses wird durch das angeschweißte Thermoelement beeinflusst. Dies wird vor allem durch den undefinierten Verlauf zu Beginn des Abschreckens sichtbar.

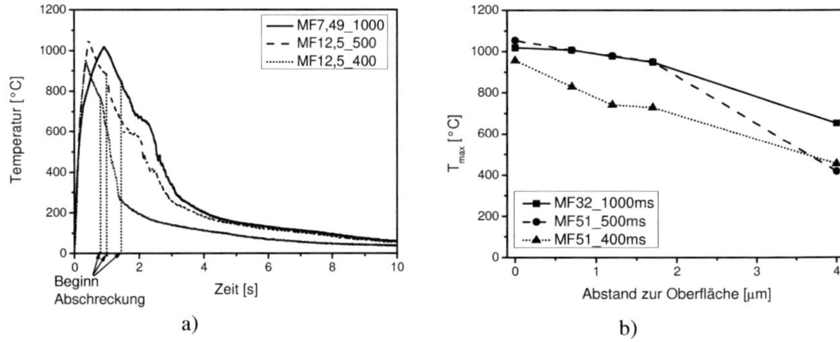

Abb. 6-3: Verlauf der gemessenen Oberflächentemperaturen (a) sowie Maximaltemperaturen an den Messstellen (b) für die MF-Versuche

Die Spitzentemperaturen für die MF7,49_1000 und MF12,5_500 sind bis zu einer Tiefe von 1,7 mm annährend gleich, jedoch liegt die Temperatur bei 4 mm unterhalb der Oberfläche bei MF7,49_1000 um circa 200 K höher. Für MF12,5_400 liegen die gemessenen Temperaturen im Randbereich um bis zu 200 K unterhalb der anderen beiden Versuche. Bei einem Abstand von 4 mm ist eine höhere Temperatur gegenüber dem Versuch MF12,5_500 zu verzeichnen.

Bei den HF-Versuchen ist der Abfall der Erwärmungsgeschwindigkeit wesentlich stärker ausgeprägt, wie Abb. 6-4 zu entnehmen ist. Der Temperaturabfall während der Erwärmung wie für den Versuch HF2,42_1000 ersichtlich, ist theoretisch möglich, kann aber auch an der Temperaturmessung selbst liegen. Bei allen Versuchen ist der Einfluss der Curie-Temperatur erst bei Temperaturen oberhalb der 800 °C festzustellen. Dies spricht für die sehr komplexe Überlagerung der lokal unterschiedlichen Eigenschaften und deren Einfluss auf die Wärmeeinbringung. Mit steigendem Strom bzw. steigender Leistungsdichte fällt der Abfall der Erwärmungsgeschwindigkeit, hervorgerufen durch die Entmagnetisierung, weniger ins Gewicht.

Entsprechend nimmt die Erwärmungsgeschwindigkeit mit steigender Stromstärke auch zu. Für den Versuch HF4,16_400 beträgt die mittlere Erwärmungsgeschwindigkeit bis 1000 °C etwa 12700 K/s. Die Abschreckgeschwindigkeit im Bereich der Haltedauer beträgt bei dem selbigen Versuch circa 1000 K/s. Die Abnahme der Abschreckwirkung mit sinkender Spitzentemperatur verdeutlicht den Einfluss des Temperaturgradienten auf den Wärmefluss ins Bauteilinnere.

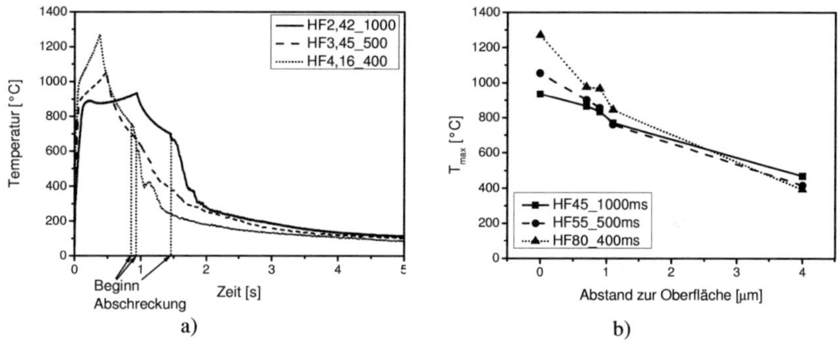

Abb. 6-4: Verlauf der gemessenen Oberflächentemperaturen (a) sowie Maximaltemperaturen an den Messstellen (b) für die HF-Versuche

Aus dem Vergleich der Spitzentemperaturen für die HF-Versuche in Abb. 6-4 (b) geht hervor, dass höhere Temperaturen für HF4,16_400 erzielt werden, wohingegen die Temperaturen unterhalb der Oberfläche für die Versuche HF2,42_1000 und HF3,45_500 keine großen Unterschiede aufweisen. Bei 4 mm unterhalb der Oberfläche ist die gemessene Temperatur für HF4,16_400 jedoch im Vergleich niedriger.

Für die Zweifrequenzversuche (ZF) tragen die Leistungsanteile der beiden Frequenzen simultan zur Werkstückerwärmung bei. Für ZF6,73/2,73_500 und ZF6,73/3,24_400 sind Temperaturverläufe an der Oberfläche sowie die gemessenen Spitzentemperaturen sehr ähnlich, wie aus Abb. 6-5 zu entnehmen ist. Für den Versuch ZF6,73/2,21_1000 wird aufgrund der langen Heizzeit eine vergleichsweise hohe Temperatur erreicht, was sich auch in den Spitzentemperaturen widerspiegelt. Die Versuche ZF6,73/2,21_1000 und ZF6,73/2,73_500 weisen bei den Temperaturverläufen an der Oberfläche während der Erwärmung zwei Knickpunkte auf, wohingegen für den Versuch ZF6,73/3,24_400 nur derjenige aufgrund der Curie-Temperatur zum Vorschein kommt. Die Ursache ist möglichweise dem Verhalten des Schwingkreises zuzuschreiben.

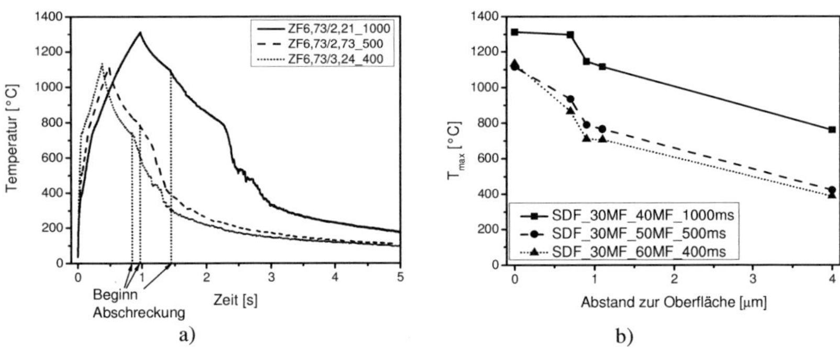

Abb. 6-5: Verlauf der gemessenen Oberflächentemperaturen (a) sowie Maximaltemperaturen an den Messstellen (b) für die SDF-Versuche

6.1.3 **Effektive Heizzeit**

Wie bereits angemerkt, führt das Einschwingverhalten, welches während des Erwärmungsprozesses auftritt, effektiv zu einer kürzeren Heizzeit, da aufgrund des niedrigeren Stromes nicht die volle Leistung über die komplette Dauer der Heizzeit bereitgestellt werden kann. Um nicht den kompletten Schwingkreis simulativ abbilden zu müssen, wurden die Temperaturmessungen zur Ermittlung einer effektiven Heizzeit herangezogen. Die

Temperaturmessung an der Oberfläche mittels angeschweißtem Thermo-element erlaubt eine gezielte Bestimmung der effektiven Zeit vom Beginn einer merklichen Erwärmung bis zum Beginn der Haltezeit, charakterisiert durch den raschen Temperaturabfall aufgrund der Wärmeleitung ins Bau-teilinnere. Die effektiven Heizzeiten der verschiedenen Experimente sind in Tabelle 6-1 aufgelistet. Das Einschwingverhalten des Generators weist nach Aussage des Herstellers generell eine kürzere Einschwingphase bei der HF-Erwärmung auf. Die genaue Einschwingdauer hängt neben der Frequenz außerdem von der Schwingkreiseigenschaft in Form der Heizspu-le und der Probe ab. Wie in Abschnitt 3.3 angesprochen, liegen für den Versuch ZF9,38/1,18_500 keine Temperaturmessungen vor, jedoch wurde eine Bauteilcharakterisierung durchgeführt. Diese Probe sollte als Kon-trollprobe dienen.

	Bezeichnung	Vorgegebene Heizzeit [ms]	Effektive Heizzeit [ms]
MF **(12 kHz)**	MF7,49_1000	1000	932
	MF12,5_500	500	450
	MF12,5_400	400	351
HF **(325 kHz)**	HF2,42_1000	1000	941
	HF3,45_500	500	481
	HF4,16_400	400	381
SDF **(12 + 325 kHz)**	ZF6,73/2,21_1000	1000	980
	ZF6,73/2,73_500	500	486
	ZF6,73/3,24_400	400	384

Tabelle 6-1: Effektive Heizzeiten für die numerische Modellierung

6.2 Bauteilcharakteristika

6.2.1 Mikrohärtemessungen

Die Mikrohärtetiefenverläufe dienen der Validierung des implementierten, metallurgischen Modells, welches neben der Beschreibung der Phasenumwandlungen auch den Einfluss einer inhomogenen Austenitisierung auf die resultierende Härte beinhaltet. In Abb. 6-6 sind die Mikrohärtetiefenverläufe der jeweiligen MF-Versuche einander gegenübergestellt. Die größte Einhärtetiefe liegt bei dem Versuch MF7,49_1000 vor. Für die Versuche MF12,5_500 und MF12,5_400 ist ein tendenziell abfallender Verlauf vom Rand bis hin zur Übergangszone zu beobachten. Demgegenüber weisen die Mikrohärtemessungen für MF7,49_1000 niedrigere Werte bis zu einer Tiefe von circa 500 µm auf. Der Härteabfall bzw. -gradient in der Übergangzone ist für alle drei Beispiele annähernd gleichbleibend.

Angemerkt sei hierbei, dass nicht die Definition der Einhärtetiefe nach dem Randschichthärten gemäß DIN EN 10328 mit dem 0,8 fachen des Mindestwertes der Oberflächenhärte verwendet wird, sondern stattdessen die Definition des Härtewertes für die Einsatzhärtetiefe nach DIN EN ISO 2639 [177] gewählt wurde, um eine einfachere Übersicht zu ermöglichen. Nach der besagten DIN EN ISO Norm wird die Einhärtetiefe (Eht) bei einem Abfall der Härte bis zu einem Wert von 550 HV 1 bestimmt. Aus beiden Normen geht hervor, dass die zu verwendende Prüfkraft über der in dieser Arbeit verwendeten liegt und somit keine Bestimmung nach DIN vorlag. Die Prüfkraft von 100 g (HV0,1) entspricht der maximalen Last bei der Mikrohärteprüfung, die für die Bestimmung der Härteverläufe gewählt wurde.

Bemerkenswert ist die Abnahme der Einhärtetiefe aufgrund der verringerten Heizzeit von 500 auf 400 ms. Diese nimmt bei einer Reduzierung der Heizzeit von 100 ms um 0,7 mm ab (30%). Die starke Abhängigkeit der resultierenden Einhärtetiefe von der Heizzeit veranschaulicht die Sensitivität des Härteergebnisses von den Prozessparametern. Auf der anderen Seite kann die von 1000 ms auf 500 ms verkürzte Heizzeit beinahe durch die erhöhte Stromstärke kompensiert werden, wie der Vergleich zwischen MF7,49_1000 und MF12,5_500 zeigt. Die Eht unterscheidet sich nur um 0,3 mm ($\approx$10%). Die Kombination zwischen Heizzeit und Stromstärke bzw. Leistung erlaubt eine Vielzahl an Prozessparameterkombinationen, die zu einer gleichen Eht führen. Wie jedoch noch gezeigt wird, führt die

Stromstärke neben der Tiefenwirkung auch zu einer Verbreiterung der Härtezone entlang der Zylinderhöhe.

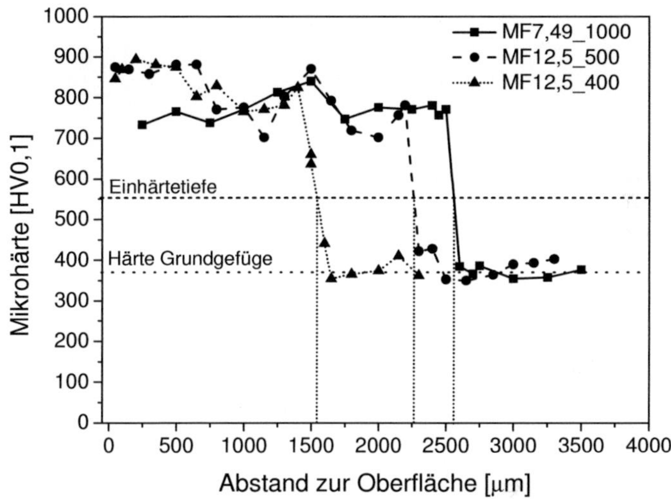

Abb. 6-6: Mikrohärtetiefenverläufe für die MF-Versuche

Für die Versuche mit HF ist für alle drei eine abfallende Härte von der Oberfläche hin zur Übergangszone zu beobachten, wie aus Abb. 6-7 hervorgeht. Dieser Abfall scheint für den Versuch HF4,16_400 niedriger zu sein, was mit einer möglichen Kornvergröberung aufgrund der sehr hohen Temperaturen von 1270 °C (vgl. Abb. 6-4) zusammenhängen kann. Auf der anderen Seite ist jedoch kein Härteminimum nahe der Oberfläche anzutreffen, wie dies in [81] beim Laserhärten der Fall ist. Ein direkter Vergleich ist selbstverständlich nicht möglich, da eine Verlagerung der Wärmequellen während des Prozesses vorkommt und nicht wie beim Laserhärten nur über die Oberfläche stattfindet. Neben der Temperatur ist auch die Zeit von Bedeutung, da der Prozess der Kornvergröberung auch von der Kinetik abhängt.

Im Vergleich zu den MF-Versuchen liegen die Einhärtetiefen erwartungsgemäß niedriger, obwohl ein direkter Vergleich nicht zulässig ist, da unterschiedliche Leistungen und Heizzeiten verwendet wurden. Für die Versuche HF2,42_1000 und HF3,45_500 wird die Reduzierung der Heizzeit durch den erhöhten Strom nahezu kompensiert, wie aus den Temperaturmessungen in Abb. 6-4 hervorgeht. Im Einklang mit den Temperaturmessungen führt die höhere Energieeinbringung in Versuch HF4,16_400 zu einer Erhöhung der Einhärtetiefe. Die steileren Härtegradienten für die HF-Versuche hängen womöglich mit Temperaturgradienten zusammen. Unter Berücksichtigung der Temperaturmessungen weisen gerade die Versuche MF7,49_1000 und HF4,16_400 einen flachen Härteverlauf auf, bei denen Kornwachstum am wahrscheinlichsten vorzufinden ist.

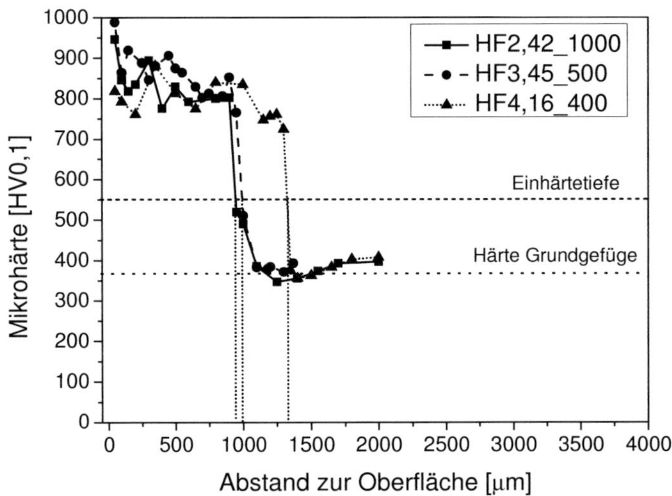

Abb. 6-7: Mikrohärtetiefenverläufe für die HF-Versuche

Bei den Härteverläufen der ZF-Versuche in Abb. 6-8 zeigt sich ein einheitliches Bild in Bezug auf den Härteabfall innerhalb der Einhärtetiefe. Die Versuche ZF9,32/1,18_1000 sowie ZF6,73/2,73_500 ergeben nahezu identische Einhärtetiefen, wohingegen diese bei dem Versuch ZF6,73/3,24_400 um 0,1 mm geringer ausfallen. Diese Abnahme deckt sich mit den Ergebnissen der Spitzentemperaturen in Abb. 6-5.

Eine hochangelassene Übergangszone, charakterisiert durch einen Härteabfall unter die Ausgangshärte, lässt sich nur bei den HF-Versuchen erahnen.

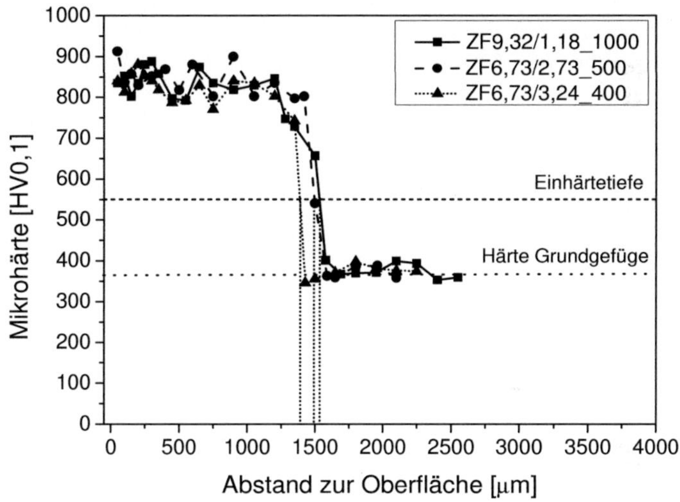

Abb. 6-8: Mikrohärtetiefenverläufe für die ZF-Versuche

6.2.2 Eigenspannungsmessungen

Die Bauteilcharakterisierung der zylindrischen Proben hinsichtlich der resultierenden Eigenspannungen nach dem induktiven Randschichthärten geschieht anhand experimentell bestimmter Eigenspannungstiefenverläufe, wobei nur die Komponente in Umfangs- bzw. Tangentialrichtung betrachtet wird. Eigenspannungsumlagerungen aufgrund des Materialabtrags wurden in den folgenden Ergebnissen nicht korrigiert, was zu dem einheitlichen Bild der Eigenspannungszunahme bis hin zum Übergang der Druck- zu Zugeigenspannungen führt.

Für die MF-Versuche tritt der Einfluss der Eigenspannungsumlagerung vor allem für den Versuch MF7,49_1000 in Abb. 6-9 in den Vordergrund, da aufgrund der großen Abtragtiefe fast keine Zugspannungen vorzufinden sind. Mit abnehmender Einhärtetiefe, und somit auch Abtragtiefe, nimmt der Einfluss der Umlagerung auf die messbaren Zugeigenspannungen im Übergangs- und Kernbereich ab. Für MF7,49_1000 werden niedrigere Druckeigenspannungen gemessen, wohingegen der Unterschied der beiden anderen Versuche nur sehr gering ist, obwohl ein deutlicher Unterschied in der Einhärtetiefe (vgl. Abb. 6-6) vorliegt. Für MF12,5_400 werden Zugspannungen um die 500 MPa über einen Bereich von mehr als 0,5 mm gemessen. Diese werden vom Kerngefüge direkt an der Übergangszone aufgenommen.

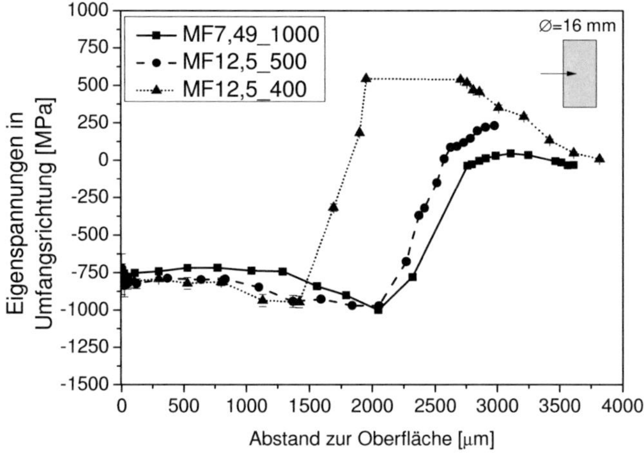

Abb. 6-9: Eigenspannungstiefenverläufe der Eigenspannungskomponente in Umfangsrichtung für die MF-Versuche

Bei den HF-Versuchen in Abb. 6-10 ergibt sich nur für den Versuch HF4,16_400 ein zu den MF-Versuchen vergleichbarer Verlauf im Druckbereich, wohingegen die anderen Verläufe zu Beginn einen starken Gradienten zu noch höheren Druckeigenspannungen aufweisen und anschließend bis zur Übergangszone stetig zunehmen. Die höchsten Druckeigenspannungen wurden an der HF2,42_1000-Probe gemessen, die laut Mikrohärtemessungen (vgl. Abb. 6-7) die niedrigste Einhärtetiefe aufweist.

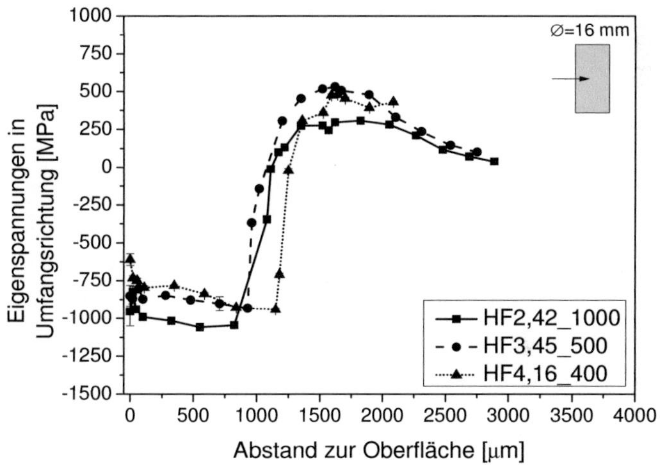

Abb. 6-10: Eigenspannungstiefenverläufe der Eigenspannungskomponente in Umfangsrichtung für die HF-Versuche

Die Eigenspannungstiefenverläufe der ZF-Versuche in Abb. 6-11 sind vom qualitativen Verlauf mit den MF-Versuchen vergleichbar. In Übereinstimmung mit den Mikrohärtemessungen (vgl. Abb. 6-8) sind die Tiefenverläufe für die Versuche ZF9,32/1,18_500 und ZF6,73/2,73_500 nahezu identisch bis zu einer Tiefe von 2500 µm.

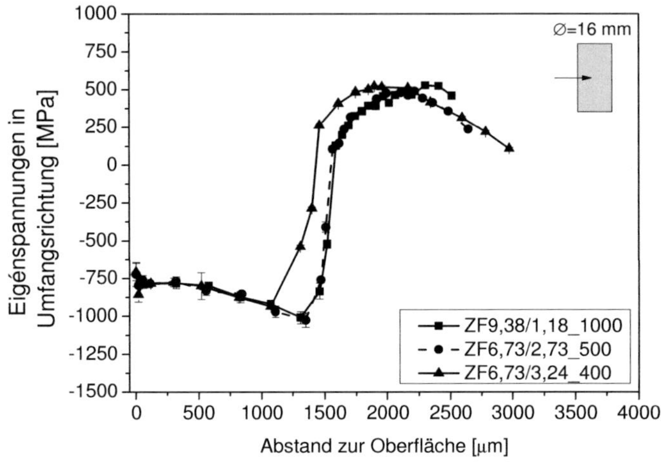

Abb. 6-11: Eigenspannungstiefenverläufe der Eigenspannungskomponente in Umfangsrichtung für die ZF-Versuche

Aus den Messungen geht hervor, dass sich der Einfluss der Eigenspannungsumlagerung ab einer bestimmten Einhärtetiefe ändert. Kleine Einhärtetiefen führen bei der experimentellen Ermittlung der Eigenspannungstiefenverläufen zu einem Plateau, wohingegen größere Eht eine Zunahme der Druckspannungen nach innen bewirken.

6.2.3 **Makroschliffe**

Die Makroschliffe der gehärteten Proben sind in Abb. 6-12 wiedergegeben. Für alle drei MF-Versuche wird keine vollständige Härtung in Längsrichtung erreicht. Durch die Stromerhöhung wird die Härtezone in die Breite gezogen. Die unsymmetrische Härteverteilung ist auf die ungenaue Positionierung der Probe zurückzuführen. Da die Probe und die Heizspule die gleiche Höhe besitzen, macht sich eine kleine Abweichung deutlich bemerkbar, wie aus den Schliffen hervorgeht.

126

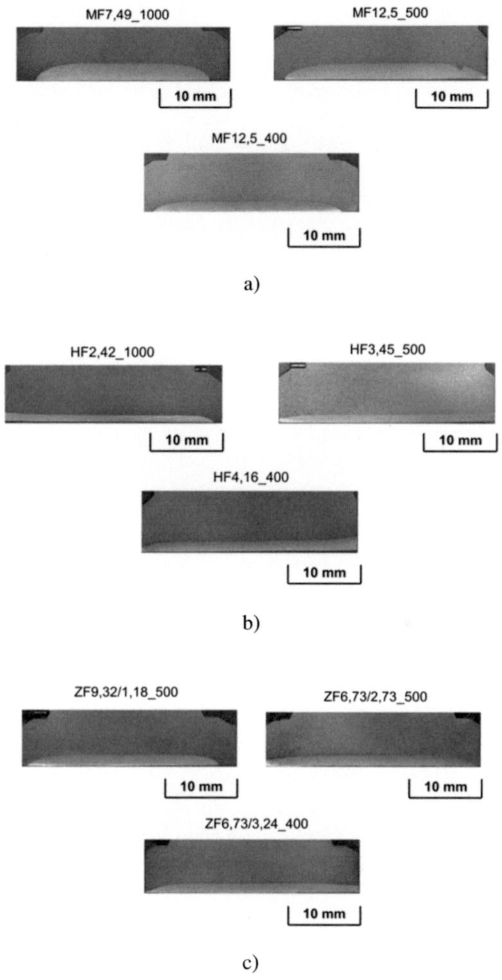

Abb. 6-12: Makroschliffe der induktiv gehärteten Proben für einen direkten Vergleich der Härtezone mit der numerisch berechneten Martensitverteilung für MF (a), HF (b) und ZF (c)

Hieraus wird ersichtlich, dass die genau Positionierung während dem Härteprozess reproduzierbar eingestellt werden muss, um eine Abweichung der Härtezone zu verhindern, zumal der in dieser Arbeit verwendete Koppelabstand von 2,25 mm als relativ groß betrachtet werden kann.

Die HF führt zu einer gleichmäßigeren Einhärtung entlang der Probe und weist nur im Auslauf zu den Kanten hin eine geringere Einhärtung auf. Bei allen drei HF-Proben ist der Einfluss einer unsymmetrischen Positionierung erkennbar. Der Vergleich der ZF-Proben gibt den Einfluss der unterschiedlichen Leistungsanteile wieder.

7. Ergebnisse der numerischen Modellierung

7.1 Eingabedaten

7.1.1 Elektromagnetisches Modell

Für die elektromagnetische Modellierung zur Bestimmung der Wärmequellen wird neben der relativen Permeabilität (siehe Abschnitt 5.5.1) auch die temperaturabhängige Beschreibung der elektrischen Leitfähigkeit benötigt. Hierzu wurde auf Ansätze aus Eckstein zurückgegriffen, der den spezifischen elektrischen Widerstand für Stahl bei Raumtemperatur ρ_{RT} mit folgender Gleichung angibt [178].

$$\rho_{RT} = 0{,}001 + 0{,}283 \cdot C + 0{,}17 \cdot Si + 0{,}0387 \cdot Mn - 0{,}1295 \cdot S \\ + 0{,}0702 \cdot Al + 0{,}00272 \cdot Cr + 0{,}0335 \cdot Cu + 0{,}0333 \\ \cdot Mo + 0{,}0193 \cdot Ni \; in \; [\Omega m]$$

wobei die Legierungselemente in Masse-% angegeben sind. Basierend auf dem spezifischen elektrischen Widerstand bei Raumtemperatur wird die Temperaturabhängigkeit definiert:

$$20\,°C < T \leq 800\,°C \qquad \rho(T) = 1{,}026 \cdot \rho_{RT} + 1{,}4 \cdot 10^{-3} \cdot T - 1{,}3 \\ \cdot 10^{-3} \cdot \rho_{RT} \cdot T - 0{,}028$$

$$800\,°C < T \leq 1200\,°C \qquad \rho(T) = 3{,}8 \cdot 10^{-4} \cdot T - 0{,}8$$

Der entsprechende Verlauf ist in Abb. 7-1 dargestellt.

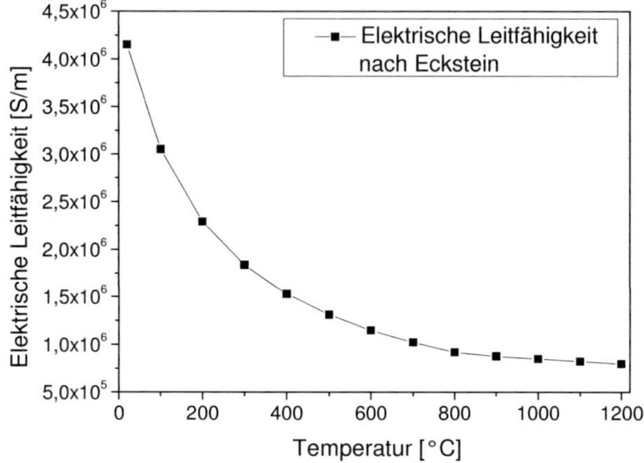

Abb. 7-1: Elektrische Leitfähigkeit für 42CrMo4 nach Ansätzen aus [178]

7.1.2 **Thermisches Modell**

Für das thermische Modell wird neben der spezifischen Wärmekapazität (siehe Abb. 5-19) die Wärmeleitfähigkeit benötigt. Für die induktive Erwärmung wurde der temperaturabhängige Verlauf aus Abb. 7-2 verwendet. Die thermische Leitfähigkeit bis 1000 °C wurde am damaligen Forschungszentrum Karlsruhe am Institut für Materialforschung I bestimmt, wohingegen die Daten bis 1300 °C aus [179] stammen. Die Daten für die thermische Leitfähigkeit für Temperaturen größer 1000 °C wurden außerdem in Abaqus/Standard für die Austenitphase verwendet.

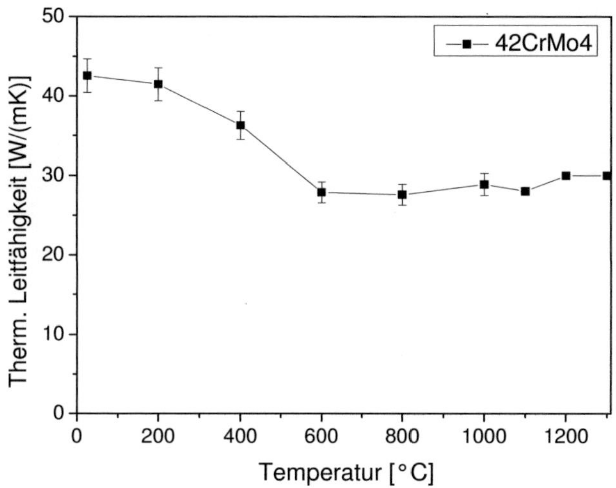

Abb. 7-2: Thermische Leitfähigkeit für 42CrMo4

7.1.3 **Mechanisches Modell**

Neben den Daten aus Abschnitt 5.3 wurde zur Beschreibung des plastischen Verhaltens von Martensit auf Fließkurven in [180] zurückgegriffen. Die Temperaturabhängigkeit des E-Moduls von Austenit wurde aus den Zugversuchen extrahiert und ist vergleichbar mit Werten aus [173]. Für Bainit wurde vereinfachend ideal elastisch-plastisches Verhalten angenommen. Vergleichsrechnungen mit Fließkurven für Bainit aus [181] haben gezeigt, dass dies bei der Prozessführung zu keinem Unterschied führt. Die Eingabedaten bezüglich Umwandlungsdehnungen und thermischen Ausdehnungskoeffizienten sind Abschnitt 5.1 zu entnehmen.

7.1.4 Zusammenfassende Übersicht relevanter Eingabegrößen

In Tabelle 7-1 sind zur Übersicht nochmals wichtige Werkstoffkennwerte zusammengefasst. Grau unterlegte Zahlen unterscheiden sich von denen aus [81] und wurden experimentell bestimmt bzw. aus der Literatur ergänzt. Bei Werkstoffkennwerten, für die keine Literaturwerte bzw. experimentellen Daten vorlagen, wurde eine lineare Extrapolation bzw. ideal elastisch-plastisches Materialverhalten vorausgesetzt. Bei der volumenspezifischen Wärmekapazität ρc_p wurde für die Dichte des Ausgangszustandes (F/K) ein Wert von 7850 kg/m^3 sowie die des Austenits von 8150 kg/m^3 angenommen [181]. Die Eingabeparameter zur Berechnung der Phasenumwandlung bei hohen Erwärmungsgeschwindigkeiten sowie der resultierenden Mikrohärte stammen aus [81].

T in °C	Gefüge	20	100	200	300	400	500	600	700	800	900	1000
E in $10^5\ N/mm^2$	A			1,76			1,15		0,72		0,39	
	F/K	2,15	2,04		1,95		1,79		1,56		1,25	
	B	2,15		2,03		1,87		1,67				
	M	2,15		2,03	1,95	1,87						
v	A			0,286			0,304		0,325		0,335	
	F/K	0,283			0,293		0,304		0,325		0,335	
	B	0,283		0,289		0,298		0,315				
	M	0,283		0,289	0,293	0,298						
ρc_p in 10^3 Ws/mm^3K	A			4,27			4,49		4,76		4,85	4,92
	F/K	3,20			4,42		5,18		6,72		7,02	
	B	3,54		3,85		4,16		4,47				
	M	3,54		3,85	4,0	4,2						
λ in 10^{-2} W/mmK	A			1,2			1,6		1,8	27,6		28,9
	F/K	4,26		4,15		3,63		2,79		2,40		
	B	3,9		3,75		3,4		2,8				
	M	3,4		3,25	3,1	2,95						
R_{es} bzw. $R_{p0,1}$ in N/mm^2	A			232	206	181	156	131	105	80	55	
	F/K	930	717		590		440		160		90	
	B	900		850		800		300				
	M	1620	1590	1504	1408	1060						

Tabelle 7-1: Übersicht der verwendeten Werkstoffparameter in der numerischen Simulation für den Werkstoff 42CrMo4

7.2 Einfrequenzsimulation

Die Ergebnisse der numerischen Modellierung basieren auf einem Kalibrierungs- und Validierungsprozess. Neben der Stromverdrängung in der Heizspule erfordert auch die im Werkstück induzierte Leistung eine Kalibrierung der MF- und HF-Modelle. Hierzu wurde jeweils ein Parametersatz (MF12,5_500 und HF3,45_500) ausgewählt und der Parameter für die induzierte Leistung über die gemessene Endtemperatur an der Oberfläche angepasst. Die Berücksichtigung der Stromverdrängung wurde über den jeweiligen Makroschliff kalibriert, indem die Gewichtung der Stromverteilung angepasst wurde. Basierend auf dieser Kalibrierung wurden neben den Einfrequenzsimulationen auch die Zweifrequenzsimulationen durchgeführt, um eine Gültigkeit der in diesem Rahmen verfolgten Lösungsstrategie zu gewährleisten.

7.2.1 Mittelfrequenz

Temperaturentwicklung

Für die Temperaturentwicklung wird jeweils die Oberflächentemperatur während der Erwärmung sowie während einem anschließenden Zeitraum von circa fünf Sekunden dargestellt, um die berechnete Erwärmung aufgrund der elektromagnetisch-thermischen Modellierung in MSC.Marc sowie der verwendeten Abschreckbedingungen zu diskutieren. Zusätzlich werden die gemessenen und berechneten Spitzentemperaturen an den verschiedenen Messstellen miteinander verglichen, da diese Aufschluss über die ins Bauteil eingebrachte Gesamtenergie geben können.

In Abb. 7-3 ist die zeitliche Entwicklung der Temperatur für den Versuch MF7,49_1000 dargestellt. Zu Beginn der Erwärmung stimmen die Temperaturverläufe überein, jedoch treten nach kurzer Zeit deutliche Abweichungen im Temperaturbereich zwischen 200 – 800 °C auf. Im Gegensatz zur Simulation zeigt sich bei der Messung eine deutliche Abnahme der Erwärmungsgeschwindigkeit mit Erreichen der Curie-Temperatur. Somit kann vermutet werden, dass während des realen Prozesses die Stromverteilung in der Heizspule eine geringer ausgeprägte Verdrängung zu den Ecken hin aufweist. Ab 800 °C stimmen die Temperaturverläufe wieder überein. Während der Haltezeit wird der Temperaturabfall gegenüber der Messung leicht überschätzt. Der Temperaturunterschied zu Beginn der Abschreckung gleicht sich im weiteren Verlauf an die gemessene Temperatur an.

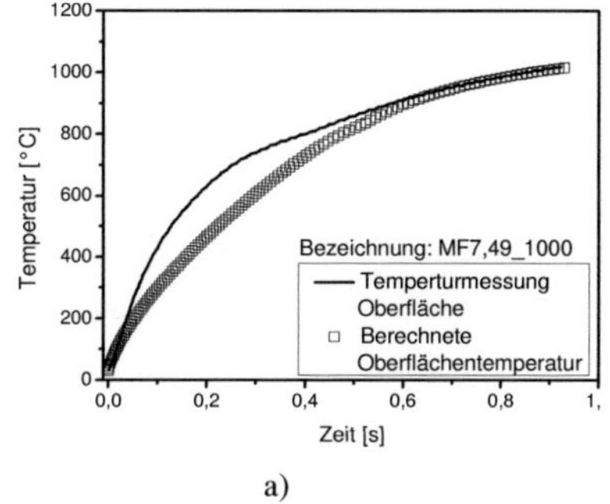
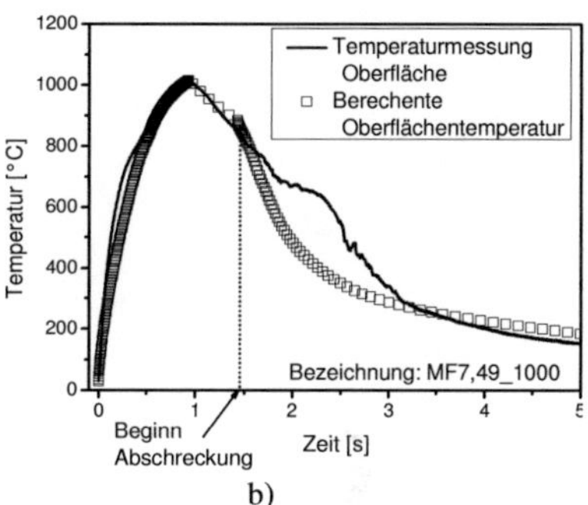

Abb. 7-3: Zeitlicher Verlauf der Oberflächentemperatur für Versuch MF7,49_1000 während der Erwärmung (a) und einschließlich der Abschreckung (b)

Für die Kalibrierungsprobe MF12,5_500 zeigt sich in Abb. 7-4, dass sich zu Beginn der Erwärmung eine Abweichung einstellt und diese mit fortschreitender Erwärmung ausgeglichen wird. Gegen Ende der Erwärmung stimmen beide Verläufe sehr gut überein. Der Temperaturabfall während der Haltezeit liegt unterhalb der gemessen Kurve und wie zuvor ist mit Eintritt der Abschreckung eine große Abweichung erkennbar. Diese gleicht sich im weiteren Verlauf der Abschreckphase aus und zum Zeitpunkt $t = 3$ s stimmen beide Verläufe überein.

Der berechnete Temperaturverlauf aus Abb. 7-5 (a) entspricht bis zur entsprechend kürzeren Heizzeit dem von MF12,5_500, da die vorgegebene Stromstärke identisch ist. Unterschiede sind vor allem während dem Abschrecken (b) erkennbar. Zu Beginn gibt das Modell den steilen Abfall der Temperatur wieder, jedoch verlängert sich gleichzeitig die Zeitspanne, bis sich die berechnete und gemessene Temperatur annähern.

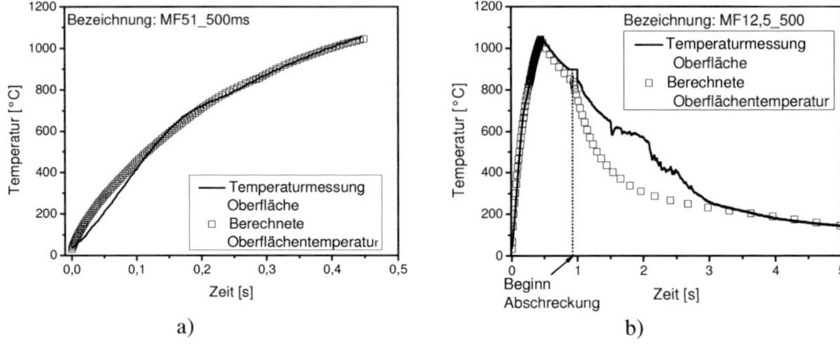

Abb. 7-4: Zeitlicher Verlauf der Oberflächentemperatur für Versuch MF12,5_500 während der Erwärmung (a) und einschließlich der Abschreckung (b)

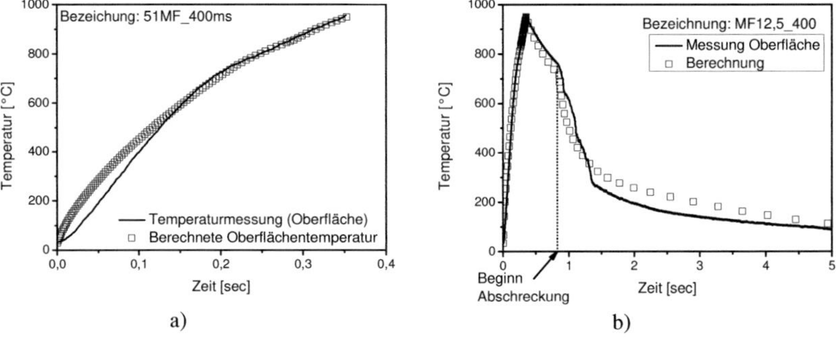

Abb. 7-5: Zeitlicher Verlauf der Oberflächentemperatur für Versuch MF12,5_400 während der Erwärmung (a) und einschließlich der Abschreckung (b)

Der Vergleich zwischen den Spitzentemperaturen in Abb. 7-6 zeigt für alle drei Versuche eine gute Übereinstimmung. Für MF7,49_1000 (a) kann eine leichte Abweichung 1,7 mm unter der Oberfläche festgestellt werden, wobei die gemessene Temperatur höher liegt. Bei MF12,5_500 (b) treten

Unterschiede bei 1,7 und 4 mm zum Vorschein, wobei die Messung bei Ersteren höher liegt und beim Letzteren niedriger. Im Falle des Versuches MF12,5_400 (c) weichen die Temperaturen bei 0,7 und 1,2 mm stärker voneinander ab, wobei von einem Messfehler auszugehen ist, wie durch die Härtemessung bestätigt wird. Die Temperaturabweichung 4 mm unterhalb der Oberfläche für Versuch MF12,5_500 ist wie zuvor auf einen Messfehler zurückzuführen, da die Spitzentemperatur bei 1,7 mm deutlich höher liegt.

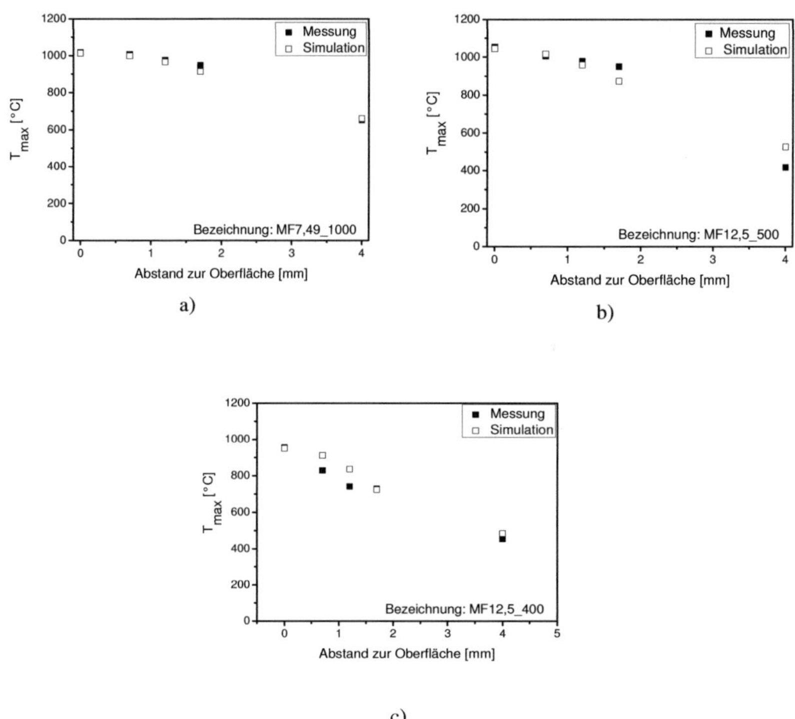

Abb. 7-6: Vergleich der Spitzentemperaturen in radialer Richtung ins Bauteilinnere MF7,49_1000 (a), MF12,5_500 (b) und MF12,5_400 (c)

Mikrohärtetiefenverläufe

Die berechneten und gemessenen Mikrohärteverläufe sind in Abb. 7-7 gegenübergestellt. Die maximale Härte, die mit dem implementierten Modell erreicht werden kann, beträgt 805 HV. Für den Versuch MF7,49_1000 nimmt die berechnete Härte bis zur Übergangszone leicht ab. Der Härtegradient wird von der Berechnung leicht unterschätzt, wohingegen die berechnete Einhärtetiefe (Eht) mit der gemessenen übereinstimmt. Für die Versuche MF12,5_500 und MF12,5_400 ergibt sich ein ähnlicher Verlauf bis zur Übergangszone, da auch hier die Härte geringfügig abnimmt. Für beide Versuche wird die Einhärtetiefe unterschätzt, was sich durch den deutlich früheren Abfall der Härte auf die Ausgangshärte bemerkbar macht. Der Härtegradient über die Breite der Übergangszone stimmt mit dem gemessenen annähernd überein. Die Gegenüberstellung zeigt, dass der qualitative Einfluss der Prozessparameter trotz leichter Unterschätzung der Einhärtetiefe bei den geringeren Eht wiedergegeben werden kann.

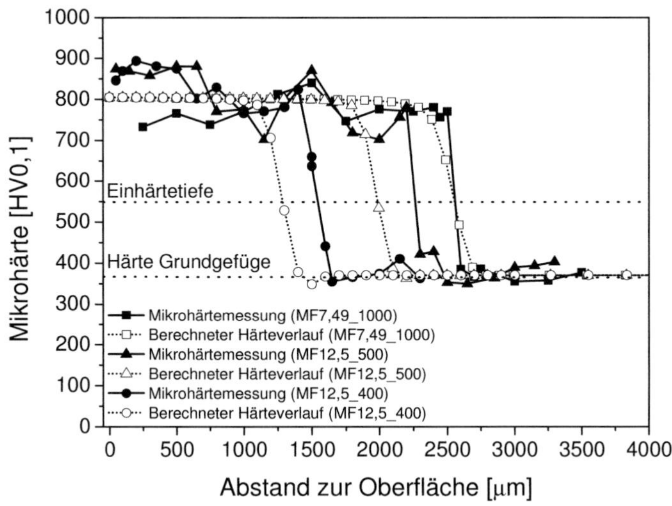

Abb. 7-7: Mikrohärteverläufe der MF-Versuche

Eigenspannungstiefenverlauf

In Abb. 7-8 sind die Eigenspannungstiefenverläufe für die Spannungskomponente in Umfangs- bzw. Tangentialrichtung wiedergegeben. Die Korrektur des Eigenspannungstiefenverlaufs, verursacht durch Eigenspannungsumlagerung beim Abtragen, wird durch sukzessives Löschen der Elemente erreicht. Zur Vereinfachung wurden alle Elemente entlang der Längsachse bei einem simulativen Abtragsschritt gelöscht und nicht, wie bei der experimentellen Bestimmung, nur lokal um die Messstelle abgetragen. Im Folgenden werden nur die korrigierten Eigenspannungstiefenverläufe mit den experimentell bestimmten verglichen.

Für den Versuch MF7,49_1000 (a) werden die Eigenspannungen in der Härtezone um bis zu 200 MPa überschätzt, wobei der qualitative Verlauf nach dem simulativen Abtragen gut wiedergegeben wird. Mit Erreichen der Übergangszone nähern sich die gemessenen und berechneten Werte an. Die Simulation weist einen steileren Gradienten in der Übergangszone als der experimentelle Verlauf auf. Der Einfluss der Eigenspannungsumlagerung im Zugbereich führt zu einer Abnahme auf 500 MPa, was aber dennoch einen deutlich höheren Wert als im Experiment darstellt.

Wie schon bei den Mikrohärtetiefenverläufen gezeigt (vgl. Abb. 7-7), werden auch die Eigenspannungstiefenverläufe hinsichtlich der Tiefenwirkung durch das Modell unterschätzt, wie aus MF12,5_500 (b) und MF12,5_400 (c) ersichtlich wird. Aufgrund der geringeren, berechneten Einhärtetiefe ist die Differenz zwischen gemessenen und berechneten Eigenspannungswerten größer, da die Druckeigenspannungen in der Härtezone mit der Einhärtetiefe abnehmen. Dies wird durch die größere Differenz im Falle von für MF12,5_400 bestätigt. Im Bereich der Zugeigenspannungen fällt die Abweichung vom experimentellen Verlauf deutlich geringer aus, da die Eigenspannungsumlagerungen aufgrund der Abtragtiefe eine im Vergleich zu MF7,49_1000 geringere Auswirkung haben.

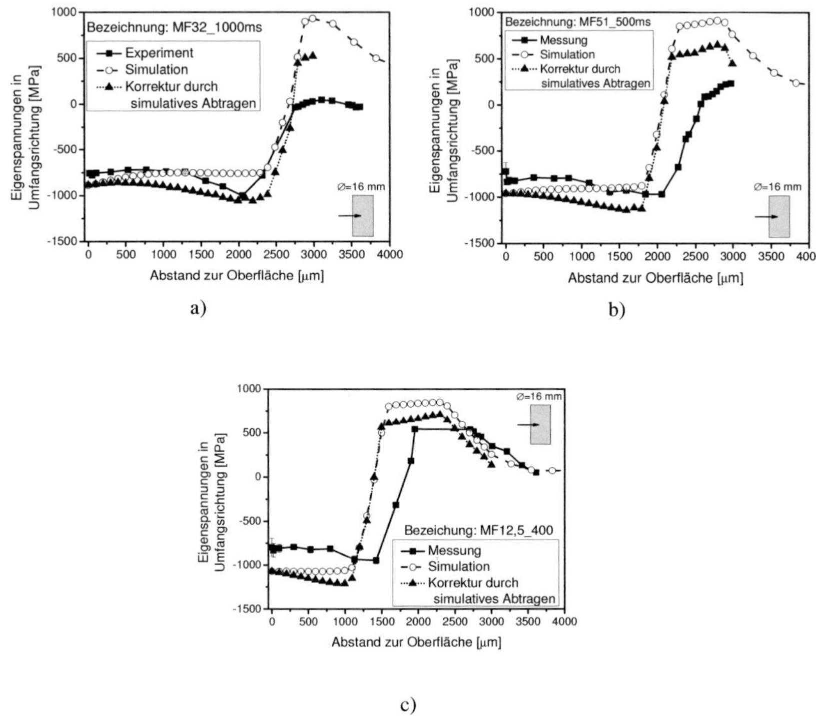

Abb. 7-8: Eigenspannungstiefenverläufe für die Versuche MF7,49_1000 (a), MF12,5_500 (b) und MF12,5_400 (c) im Vergleich mit experimentell bestimmten Verläufen

Martensitverteilung

Die berechnete Martensitverteilung ist in Abb. 7-9 den Makroschliffen gegenübergestellt. Das Modell gibt den Einfluss der Prozessparameter auf die resultierende Härtezone bzw. Martensitverteilung wieder. Die Reduzierung der Stromstärke vom Kalibrierungsversuch MF12,5_500 (b) auf die Stromstärke in MF7,49_1000 (a) führt zu einer schmaleren, jedoch tieferen Einhärtezone, wie auch im Experiment zu sehen ist. Für die Versuche

MF12,5_500 und MF12,5_400 (c) liefert die berechnete Martensitverteilung eine schmalere sowie flachere Härtezone, wie bereits aus dem Vergleich der Mikrohärte hervorging.

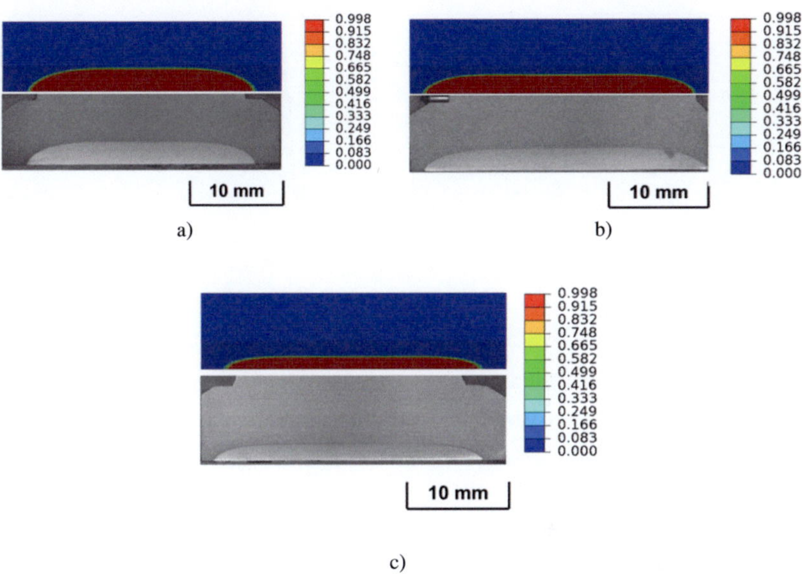

Abb. 7-9: Makroschliffe der gehärteten Proben MF7,49_1000 (a), MF12,5_500 (b) und MF12,5_400 (c)

7.2.2 Hochfrequenz

Temperaturentwicklung

In Abb. 7-10 ist der zeitliche Verlauf der Oberflächentemperatur für den Versuch HF2,42_1000 wiedergegeben. Das Modell bildet die Erwärmung (a) des gemessenen Temperaturverlaufs bis zur Curie-Temperatur ab, bei der ein markanter Abfall der Erwärmungsgeschwindigkeit eintritt. Im weiteren Verlauf nimmt die Temperatur nur langsam zu. Der Temperaturverlauf währender der Haltedauer (b) stimmt mit der gemessenen Temperatur überein. Die Abschreckung führt zunächst zu einem steileren Temperaturabfall, dieser flacht jedoch schon nach kurzer Zeit ab.

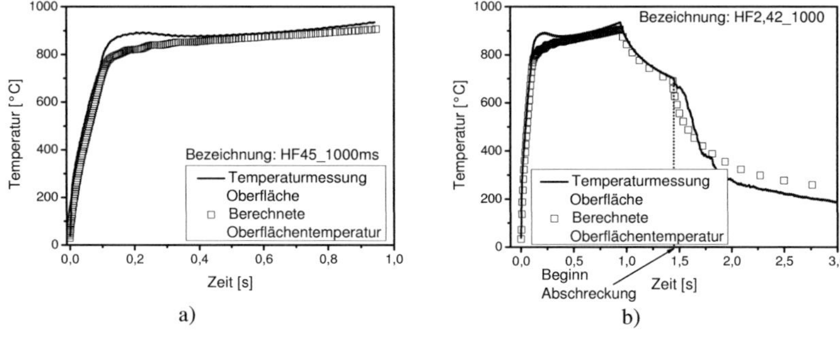

Abb. 7-10: Zeitlicher Verlauf der Oberflächentemperatur für Versuch HF2,42_1000 während der Erwärmung (a) und einschließlich der Abschreckung (b)

Der Temperaturverlauf für den Kalibrierungsversuch HF3,45_500 ist in Abb. 7-11 dargestellt. Hierbei wurde der Wirkungsgrad sowie die Stromverdrängung kalibriert, um eine möglichst gute Übereinstimmung zu erzielen. Während der induktiven Erwärmung (a) ist außer einer geringen Abweichung beim Übergang zum paramagnetischen Zustand ein nahezu deckungsgleicher Verlauf mit der gemessenen Temperaturkurve zu verzeichnen. Die Temperaturentwicklung weist auch über die Haltedauer sowie mit eintretender Abschreckung (b) eine gute Übereinstimmung auf. Vergleichbar zu HF2,42_1000 liegt mit einsetzender Abschreckung zunächst ein steiler Abfall vor, der im weiteren Verlauf abflacht und dann oberhalb der gemessenen Temperatur liegt.

Für den Versuch mit der höchsten Stromstärke sowie der geringsten Heizzeit sind Abweichungen nach Überschreiten der Curie-Temperatur sowie zum Ende der Erwärmungsphase sichtbar, wie aus Abb. 7-12 (a) hervorgeht. Mit Überschreiten der Curie-Temperatur tritt aufgrund der hohen Leistungseinbringung keine sofortige Abnahme der Erwärmungsgeschwindigkeit auf, was durch das Modell abgebildet wird. Der berechnete Temperaturverlauf gibt während der Halte- und Abschreckperiode den experimentellen Verlauf gut wieder.

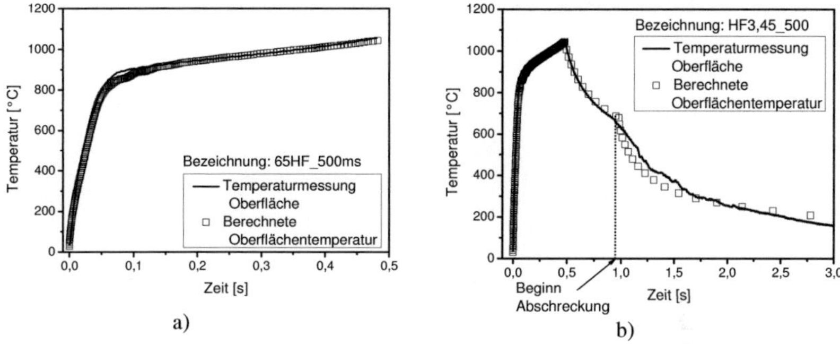

Abb. 7-11: Zeitlicher Verlauf der Oberflächentemperatur für Versuch HF3,45_500 während der Erwärmung (a) und einschließlich der Abschreckung (b)

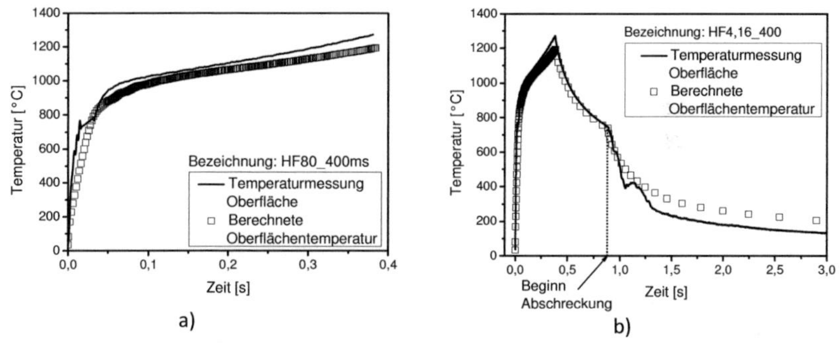

Abb. 7-12: Zeitlicher Verlauf der Oberflächentemperatur für Versuch HF4,16_400 während der Erwärmung (a) und einschließlich der Abschreckung (b)

Der Vergleich zwischen den gemessenen und berechneten Spitzentemperaturen an verschiedenen Messstellen im Bauteilinneren ist in Abb. 7-13 zusammengefasst. In Übereinstimmung mit den Temperaturverläufen liegen die berechneten und gemessenen Spitzentemperaturen nahe beieinander. Für alle drei Parametersätze liegt die Spitzentemperatur 4 mm unterhalb der Oberfläche über der gemessenen Temperatur. Für die Versuche HF2,42_1000 (a) und HF3,45_500 (b) wurden zwei Messungen durchgeführt.

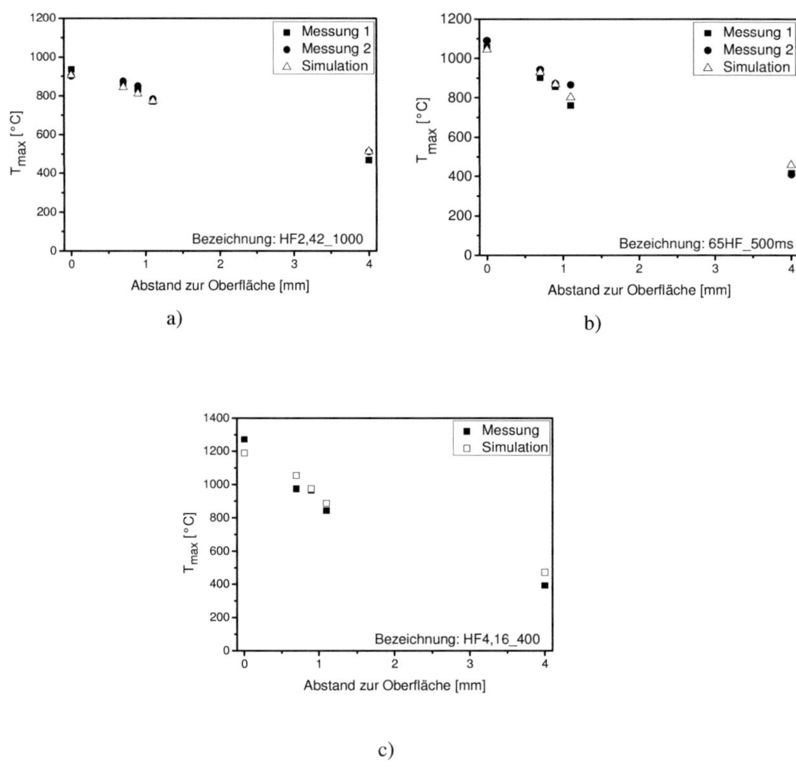

a)

b)

c)

Abb. 7-13: Vergleich der Spitzentemperaturen in radialer Richtung ins Bauteilinnere für HF2,42_1000 (a), HF3,45_500 (b) und HF4,16_400 (c)

Mikrohärtetiefenverlauf

Der Vergleich der Mikrohärteverläufe in Abb. 7-14 zeigt, dass die berechneten Verläufe gut mit den gemessenen übereinstimmen. Für alle drei Versuche wird der Härtegradient unterschätzt, was sich in dem flacheren Verlauf vom Plateauwert der Randschichthärte hin zur Kernhärte äußert. Der Unterschied der Einhärtetiefe zwischen HF2,42_1000 und HF3,45_500 ist in der Berechnung stärker ausgeprägt als dies aus der Messungen ersichtlich ist.

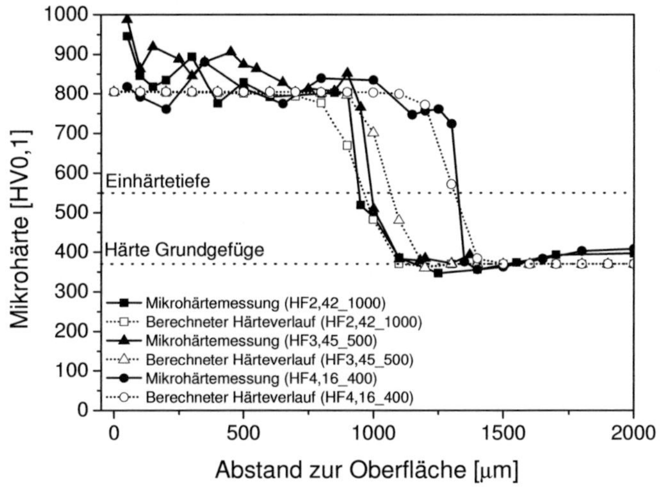

Abb. 7-14: Mikrohärteverläufe der HF-Versuche

Eigenspannungstiefenverlauf

Die berechneten Eigenspannungstiefenverläufe sind den gemessenen in Abb. 7-15 gegenübergestellt. Auch hier gibt die Korrektur der berechneten Eigenspannungen um das simulative Abtragen den Verlauf der Messungen wieder. In der Härtezone liegt für alle eine annähernd konstante Spannungsdifferenz zwischen dem gemessenen und berechneten Verlauf vor. Für HF2,42_1000 (a) liegt diese Differenz um die 250 MPa, für HF3,45_500 (b) bei 330 MPa und für HF4,16_400 (c) im Bereich von 310 MPa. Die Modellierung spiegelt den Einfluss der Einhärtetiefe auf die Eigenspannungsmaxima wider. Mit zunehmender Einhärtetiefe, sprich von

Versuch HF2,42_1000 hin zu HF4,16_400, nimmt das Eigenspannungsmaximum ab.

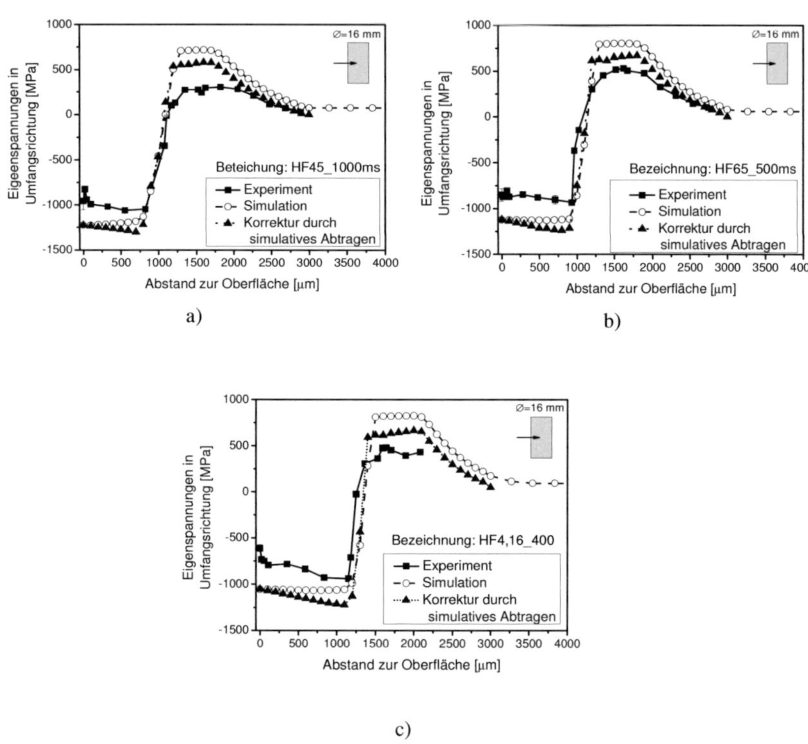

Abb. 7-15: Eigenspannungstiefenverläufe für die Versuche HF2,16_1000 (a), HF3,45_500 (b) und HF4,16_400 (c) im Vergleich mit experimentell bestimmten Verläufen

Martensitverteilung

Der Vergleich zwischen der berechneten Martensitverteilung und dem dazugehörigen Makroschliff ist in Abb. 7-16 zu finden. Für HF2,42_1000

(a) resultiert die Berechnung in einer unvollständigen Martensitbildung im Bereich der Stirnseiten. Unter Berücksichtigung einer unsymmetrischen Zentrierung der Probe im Experiment ist eine vergleichbare Härtezone zu erwarten. Mit zunehmender Stromstärke weist die Modellierung eine Zunahme der Einhärtung im Stirnbereich auf, wobei die Einhärtung immer geringer als in der Mitte der Probe ausfällt. Obwohl eine eindeutige Aussage anhand der Makroschliffe schwierig ist, kann diese Tendenz abgeleitet werden.

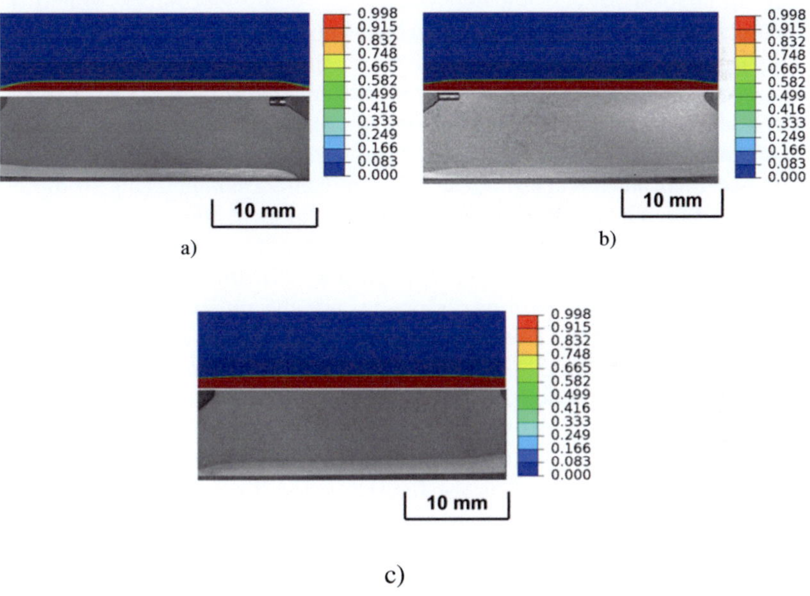

Abb. 7-16: Vergleich zwischen berechneter Martensitverteilung und Makroschliff für HF2,16_1000 (a), HF3,45_500 (b) und HF4,16_400 (c)

7.2.3 Zusammenfassende Diskussion zur Einfrequenzmodellierung

Die Ergebnisse der MF- und HF-Modellierung zeigen, dass das entwickelte Modell mit der vorgenommenen Kalibrierung grundsätzlich in der Lage ist, den Prozess der induktiven Randschichthärtung abzubilden. Die Übereinstimmung zwischen Experiment und Simulation ist für die höhere Frequenz (HF) besser als für die niedrigere (MF). Die Abweichungen im Falle der MF-Simulation hängen mit der Stromverdrängung zusammen, zumal die Temperaturverläufe zwischen Experiment und Simulation eine gute Übereinstimmung aufweisen. Die MF-Experimente zeigen, dass sich mit Erhöhung der Stromstärke eine veränderte Stromverteilung einstellt, was sich durch die Verbreiterung der Härtezone in Längsrichtung äußert. Die vorgenommene Abstraktion durch Kalibration eines Versuches ist jedoch im Fall der MF nicht ausreichend, um den komplexen Zusammenhang in diesem Frequenzbereich vollständig wiedergeben zu können. Die geringere Einhärtetiefe kann einer geringeren induzierten Leistung zugesprochen werden. Der in dieser Arbeit verwendete Ansatz führt mit zunehmender Stromstärke zu einer stärkeren Stromverdrängung, wie die numerischen Ergebnisse belegen. Jedoch ist die Übereinstimmung nicht so gut wie für die HF. Hier zeigt sich eine deutlich schwächere Abhängigkeit von der Stromstärke, zumal der Bereich, in dem die Stromstärke variiert wurde, größer ist als für die MF. Durch die Wechselwirkung zwischen Werkstück und Heizspule wird der Strom in der Heizspule beeinflusst, weil der im Werkstück induzierte Wirbelstrom seinerseits zur Induktion von Strömen in der Heizspule führt und diesen entgegengerichtet ist. Die Stromverdrängung ist somit als Abschwächung des fließenden Stroms in der Heizspule zu interpretieren, die sich in Abhängigkeit der Frequenz zur Mitte hin konzentriert (MF) und sich mit zunehmender Frequenz gleichmäßiger entlang der Heizspule auswirkt. Hieraus lässt sich erklären, dass mit steigender Stromstärke eine Verbreiterung der Härtezone zum Vorschein kommt. Der deutlich schwächere Einfluss dieser Wechselwirkung bei der HF geht auch aus der Kalibration hervor, die bei der HF einen Wirkungsgrad von 1 ergibt.

Ein direkter Vergleich der Spitzentemperaturen (vgl. Abb. 7-6) zeigt für MF12,5_500 (a), dass die gemessene Temperatur 1,7 mm entfernt von der Oberfläche um circa 80 K höher liegt und somit auch in tieferliegenden Bereichen eine ausreichend hohe Temperatur für die Austenitisierung zu erwarten ist. Selbstverständlich sind die Temperaturmessungen im Bauteilinneren auch fehlerbehaftet. Bei den Temperaturmessungen kann davon ausgegangen werden, dass zu niedrige Spitzentemperaturen gemessen werden, wie dies in Abb. 7-6 (c) der Fall ist. Wäre die gemessene Temperatur 1,2 mm von der Oberfläche entfernt fehlerfrei, so müsste die Einhärtetiefe deutlich niedriger sein. Die größte Fehlerquelle bei der Temperaturmessung mit ummantelten Thermoelementen stellt die Kontaktierung dar. Ein Einfluss aufgrund der induktiven Erwärmung ist hingegen auszuschließen, da das Werkstück eine Art Schirmung darstellt.

Abb. 7-17 zeigt die Entwicklung der Phasenanteile für HF3,45_500, 1,1 mm von der Oberfläche entfernt. Aus dem Temperatur-Zeit-Verlauf wird ersichtlich, dass die Kombination aus Zeit und Temperatur zu einer unvollständigen Austenitisierung führen sollte und von dem implementierten Modell abgebildet wird. Die rund 40 % Austenitanteil, die sich während der Erwärmung bilden, werden mit Erreichen der entsprechenden M_s-Temperatur vollständig in Martensit umgewandelt.

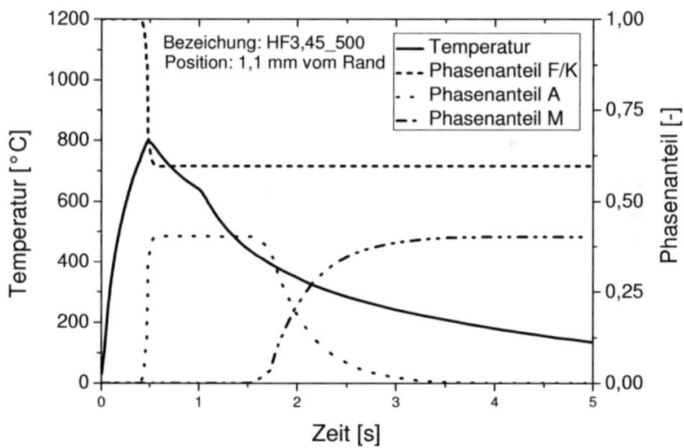

Abb. 7-17: Berechnung der Phasenanteile

Als eine weitere Validierung der implementierten Modelle bezüglich der Netzunabhängigkeit dient die Berechnung der Eigenspannungen mittels eines verfeinerten Netzes, wie in Abschnitt 4.1 diskutiert wurde. Die Vergleichsrechnung wurde wie zuvor am Beispiel HF3,45_500 durchgeführt.

Wie aus Abb. 7-18 hervorgeht, treten lediglich minimale Abweichungen zu Beginn und zum Ende des Eigenspannungsüberganges auf. Der Eigenspannungsgradient sowie der Verlauf in der gehärteten Randschicht und im Kern sind identisch zu den Ergebnissen mit regulärem Netz. Damit ist die Netzunabhängigkeit nachgewiesen und Einflüsse numerischer Art können ausgeschlossen werden.

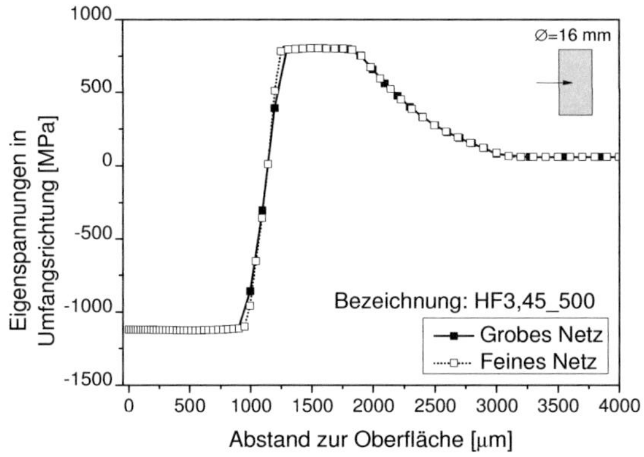

Abb. 7-18: Validierung der Netzunabhängigkeit

Generell wird der resultierende Eigenspannungstiefenverlauf von dem Modell gut wiedergegeben, wobei die Druckspannungen in der gehärteten Randschicht und die Zugspannungen am Rand der Übergangszone zum Kern überschätzt werden. Für die Zugspannungen kann keine genaue Aussage getroffen werden, weil die Eigenspannungsumlagerung bei der experimentellen Bestimmung der Tiefenverläufe Einfluss nimmt. Zudem wird das Abtragen in der Simulation vereinfacht berücksichtigt. Für die Umlagerung der Druckspannungen liefert diese Vorgehensweise hingegen zufriedenstellende Ergebnisse.

Die Differenz der berechneten Eigenspannungen in der gehärteten Randschicht zu den gemessenen beträgt maximal 20 - 30 %. Bei der numerischen Modellierung des Einsatzhärtens konnte in [97] gezeigt werden, dass sich die Umwandlungsplastizität während der Erwärmung nicht merklich

150

auf die Eigenspannungen, sondern vielmehr auf den Verzug aufgrund der zusätzlichen Dehnung auswirkt. Durchgeführte Vergleichsrechnungen zeigen (siehe Abb. 8-3), dass auch bei der induktiven Erwärmung nur geringe Änderungen am Eigenspannungstiefenverlauf in Erscheinung treten, wenn die Umwandlungsplastizität berücksichtigt wird.

Eine weitaus plausiblere Ursache für die Abweichung stellt die umwandlungsplastische Dehnung während der martensitischen Umwandlung dar. Die implementierte Modellierung der umwandlungsplastischen Dehnung basiert auf den Daten von [157]. Die Versuche bei Spannungen zwischen +/- 170 MPa ergaben eine lineare Proportionalität zwischen Spannung und umwandungsplastischer Dehnung. Während des Abschreckens liegen die Spannungen deutlich über den Versuchsdaten. Zudem weicht die umwandlungsplastische Dehnung mit Erreichen der Streckgrenze vom linearen Verlauf ab und würde unter dieser Annahme unterschätzt werden. Zur Verdeutlichung zeigt Abb. 7-19 am Beispiel MF7,49_1000 (a) und HF2,42_1000 (b) den Einfluss einer erhöhten UP-Konstante auf den resultierenden Eigenspannungstiefenverlauf.

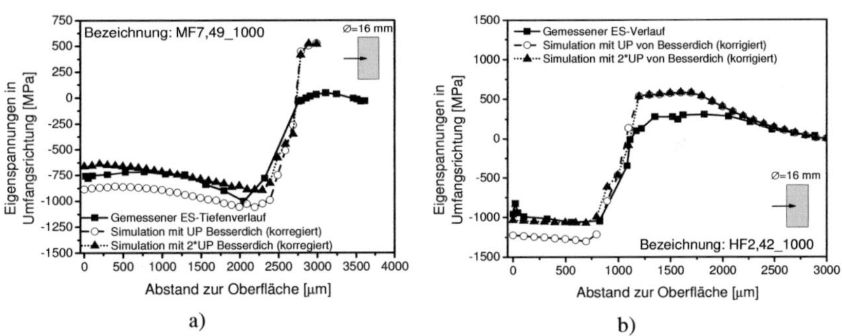

Abb. 7-19: Einfluss der Umwandlungsplastizität auf den Eigenspannungstiefenverlauf für MF7,49_1000 (a) und HF2,42_1000 (b)

7.3 Zweifrequenzsimulation

Nachdem gezeigt werden konnte, dass die Modellierung der MF- und HF-Erwärmung zufriedenstellend abgebildet werden kann, soll im Folgenden auf die Ergebnisse zur Modellierung der Zweifrequenzhärtung eingegangen werden. Die Randbedingungen für die Stromverteilung sowie den Wirkungsgrad basieren auf den Werten der Kalibrierungsversuche.

7.3.1 Temperaturentwicklung

Abb. 7-20 gibt den Temperaturverlauf an der Oberfläche für den Versuch ZF6,73/2,21_1000 wieder. Das Modell stimmt während der Erwärmung (a) bis circa 400 °C mit dem experimentellen Verlauf überein, bis eine plötzliche Reduzierung der Erwärmung im experimentellen Verlauf eintritt. Dieser kann vom Modell nicht abgebildet werden. Eine fälschliche Temperaturmessung kann ausgeschlossen werden, da ein ähnliches Verhalten in Abb. 7-21 (a) sowie weiteren Temperaturmessungen festgestellt werden konnte.

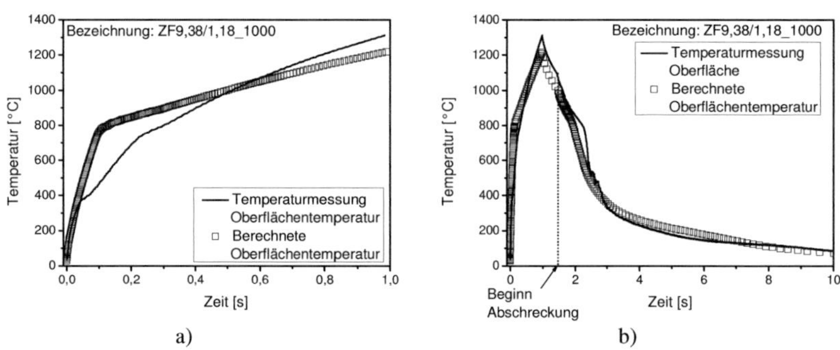

Abb. 7-20: Zeitlicher Verlauf der Oberflächentemperatur für Versuch ZF6,73/2,21_1000 während der Erwärmung (a) und einschließlich der Abschreckung (b)

Die Endtemperatur hingegen wird um circa 100 °C vom Modell unterschätzt. Eine gute Übereinstimmung liegt während der Haltezeit und des

Abschreckens vor. Bei der Messung der Oberflächentemperatur während der Erwärmung macht sich womöglich der Einfluss des Schwingkreises bemerkbar, der durch die gleichzeitige Speisung der Heizspule bei der Zweifrequenz noch schwieriger zu erfassen ist.

Wie zuvor weist auch der experimentelle Verlauf in Abb. 7-21 (a) einen abrupten Abfall der Erwärmung bei 400 °C auf. Bis zu dieser Temperatur wird der Verlauf vom Modell abgebildet. Am Ende der Heizzeit unterscheiden sich die gemessene und berechnete Temperatur geringfügig. Der Einfluss der Wärmeleitung während der Haltezeit wird abgebildet und der Abschreckprozess wird, wie bereits gezeigt, zu Beginn leicht überschätzt.

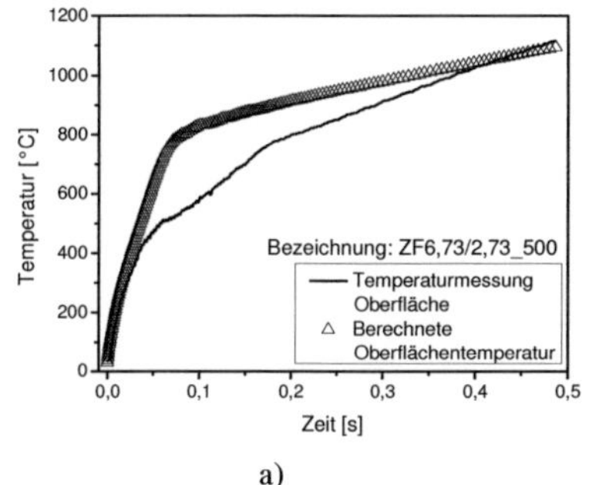

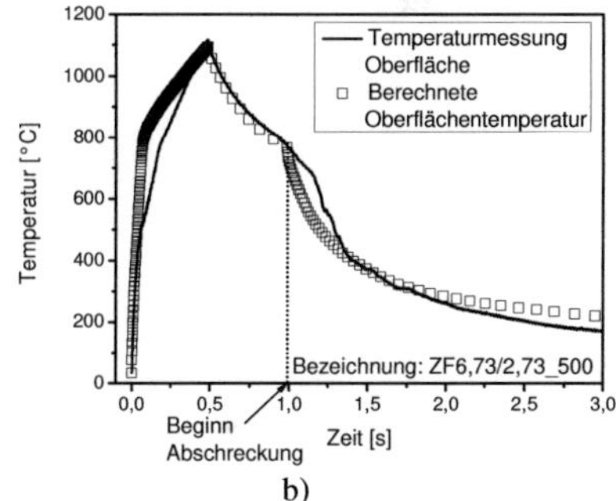

Abb. 7-21: Zeitlicher Verlauf der Oberflächentemperatur für Versuch ZF6,73/2,73_500 während der Erwärmung (a) und einschließlich der Abschreckung (b)

In Abb. 7-22 (a) zeigt sich ein anderes Bild bezüglich der Temperaturentwicklung. Modell und Messung stimmen bis 700 °C annähernd überein. Ab diesem Punkt weist die Temperaturmessung deutlich früher als das Modell eine Abnahme der Erwärmungsgeschwindigkeit auf. Im weiteren Verlauf ist eine Zunahme der Erwärmungsgeschwindigkeit im Falle der Messung beobachtbar, wohingegen das Modell zu einer leichten Abnahme tendiert. Wie schon bei den Einfrequenzsimulationen stimmen die Endtemperaturen meist überein. Vom Zeitpunkt der Spitzentemperatur bis hin zu 1,25 Sekunden gibt das Modell den gemessen Verlauf wieder und weicht im Anschluss nur leicht ab.

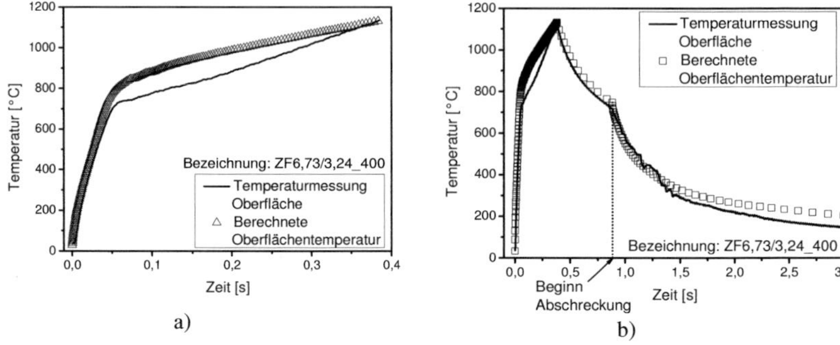

Abb. 7-22: Zeitlicher Verlauf der Oberflächentemperatur für Versuch ZF6,73/3,24F_400 während der Erwärmung (a) und einschließlich der Abschreckung (b)

Der Vergleich der Spitzentemperaturen in Abb. 7-23 zeigt zum Teil große Abweichungen zwischen den berechneten und gemessenen Werten. Für (a) liegen die berechneten Temperaturen für die Oberfläche sowie 0,7 mm darunter unterhalb der gemessenen, wohingegen die restlichen Temperaturen annähernd gleich sind. Die Vergleiche aus (b) und (c) weisen eine Übereinstimmung für die Oberflächentemperatur auf, wohingegen die weiteren Messpunkte bei der Berechnung zu höheren Werten führen. Hierbei ist von fehlerbehafteten Messungen auszugehen, wie durch die Härtemessungen gezeigt wird. Fehlerbehaftete Temperaturmessungen, besonders im Bauteilinneren, sind überwiegend auf eine schlechte Kontaktierung zwischen Thermoelement und Probe zurückzuführen. Die Thermoelemente werden über eine Strecke von 16 mm ins Bauteil eingebracht und müssen eine möglichst gute Kontaktierung mit der Probe haben, damit eine genaue Messung gewährleistet werden kann. Da die Messungen jedoch nicht unter Laborbedingungen durchgeführt wurden, kann eine Reproduzierbarkeit der Temperaturmessungen nicht immer gewährleistet werden.

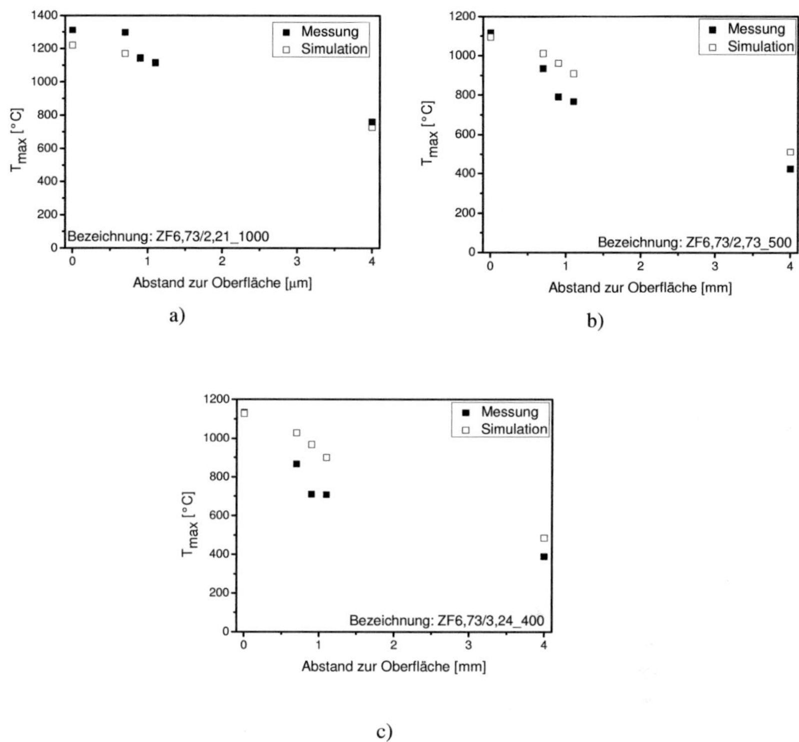

Abb. 7-23: Vergleich der Spitzentemperaturen in radialer Richtung ins Bauteil-innere für ZF6,73/2,21_1000 (a), F6,73/2,73_500 (b) und ZF6,73/3,24_400 (c)

7.3.2 Mikrohärtetiefenverläufe

Aus den Mikrohärteverläufen in Abb. 7-24 geht hervor, dass für den Versuch ZF9,32/1,18_500 der Härtegradient entlang der Übergangszone zufriedenstellend übereinstimmt, die Modellierung jedoch zu einer Unterschätzung der Einhärtetiefe führt. Für die anderen beiden Versuche stimmen die Einhärtetiefen überein, wohingegen die Berechnung einen flacheren Verlauf des Härtegradienten ergibt.

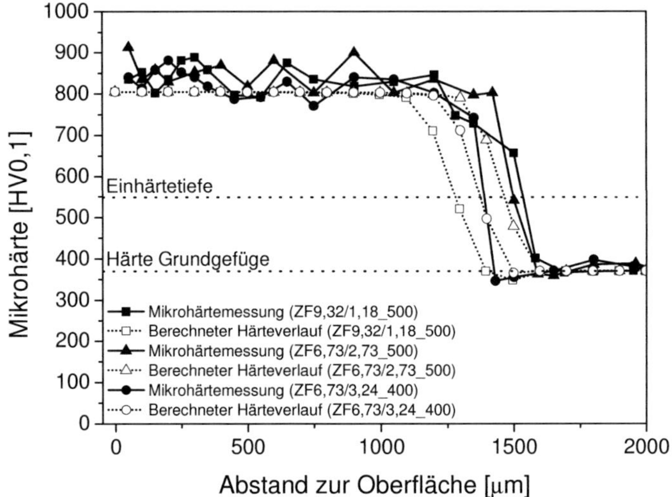

Abb. 7-24: Mikrohärteverläufe der ZF-Versuche

7.3.3 Eigenspannungstiefenverläufe

Die Eigenspannungstiefenverläufe in Abb. 7-25 sind vergleichbar mit denen der MF- und HF-Versuche. Für den Versuch ZF6,73/3,24_400 ist die Differenz der gemessen Zugeigenspannungen zu den korrigierten relativ gering und der Abfall nach dem Maximum stimmt mit den Messwerten annähernd überein.

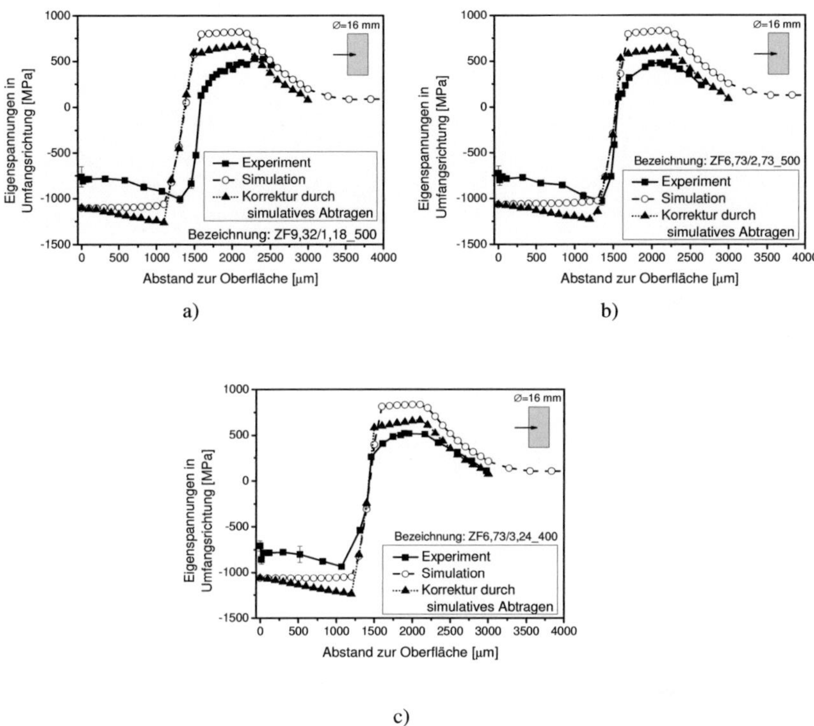

Abb. 7-25: Eigenspannungstiefenverläufe für die Versuche ZF9,32/1,18_500 (a), ZF6,73/2,73_500 (b) und ZF6,73/3,24_400 (c) im Vergleich mit experimentell bestimmten Verläufen

7.3.4 **Martensitverteilung**

Aus der Martensitverteilung in Abb. 7-26 geht hervor, dass die Superposition der Wärmequellen von MF und HF den realen Prozess der Zweifrequenzerwärmung entsprechend widerspiegelt. Für den Versuch ZF9,38/1,18_500 (a) überwiegt der MF-Anteil, was zu einer unvollständigen Einhärtung nahe der Stirnseiten führt. Im Gegensatz hierzu zeigt sich mit überwiegendem HF-Anteil die zunehmende Einhärtung zu den Stirnseiten.

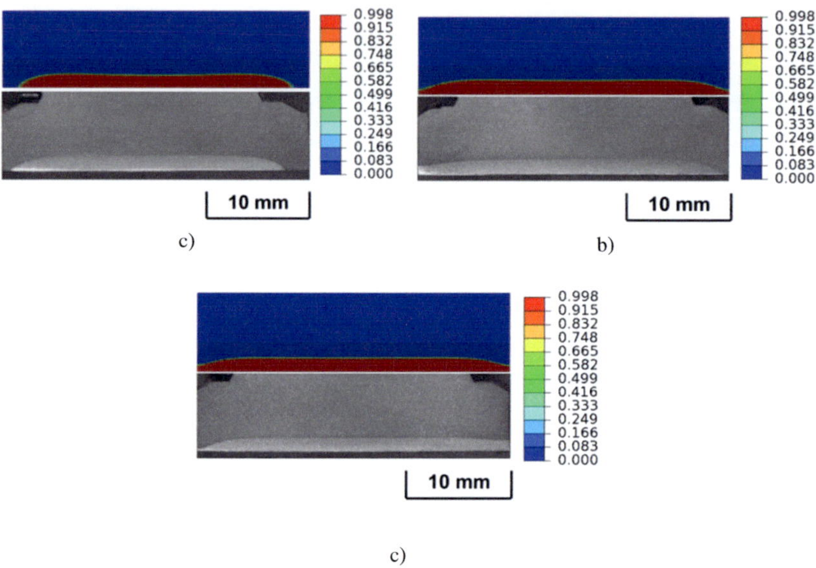

Abb. 7-26: Vergleich zwischen berechneter Martensitverteilung und Makroschliff für ZF),32/1,18_500 (a), ZF6,73/2,73_500 (b) und ZF6,73/3,24_400 (c)

7.3.5 Zusammenfassende Diskussion der Zweifrequenzmodellierung

Aus den Ergebnissen geht hervor, dass die Überlagerung der Leistungsanteile zu einer guten Wiedergabe der aus dem Experiment bestimmten Bauteilcharakteristika führt. Während den Zweifrequenzversuchen wurden ungewöhnliche Temperaturverläufe gemessen, die nicht bei allen Versuchen auftraten, wie der Versuch ZF6,73/3,24_400 zeigt. Dementsprechend kann das Modell solch einen Verlauf nicht abbilden. Obwohl die Temperaturverläufe nur zu Beginn der Erwärmung mit den Messdaten übereinstimmen, gibt das Modell zumindest die Endtemperatur relativ gut wieder.

Aus den Mikrohärtetiefenverläufen sowie der Martensitverteilung zeigt sich, dass das entwickelte Zweifrequenzmodell den Prozess abbilden kann. Obwohl die Einhärtetiefe für den Versuch ZF9,32/1,18_500 leicht unterschätzt wird, stimmt die Martensitverteilung zufriedenstellend mit dem Makroschliff überein. Dies wird durch die Eigenspannungstiefenverläufe gestärkt. Die Abweichungen in der Härtezone zu den gemessenen Eigenspannungswerten liegen in der gleichen Größenordnung, wie für die Einfrequenzsimulationen bei MF und HF.

8. Zusammenfassende Bewertung der Modellierung

Anhand des Vergleiches zwischen den experimentell bestimmten Bauteilcharakteristika sowie der Temperatur konnte gezeigt werden, dass das entwickelte Modell die induktive Randschichthärtung unter Verwendung einer oder mehrerer Frequenzen abbildet, wie Abb. 8-1 verdeutlicht. Über einen breit gestreuten Prozessparameterraum weicht die berechnete Einhärtetiefe nicht mehr als 16,3 % vom gemessenen Wert ab, wobei mehr als die Hälfte der Ergebnisse unter 3 % Abweichung liegen.

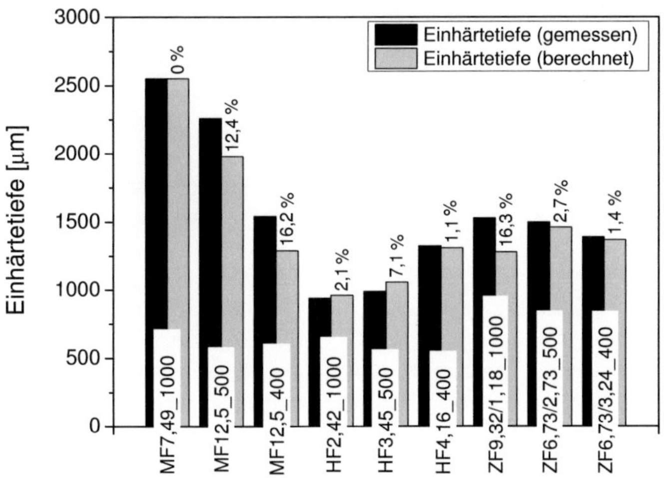

Abb. 8-1: Übersicht zu gemessenen und berechneten Einhärtetiefen

Für die Modellierung der Mittelfrequenzhärtung konnte festgestellt werden, dass die vereinfachte Berücksichtigung der Stromverdrängung in der Heizspule (vgl. Abb. 4-13) eine Abbildung zulässt, jedoch auch mit den größten Abweichungen zu rechnen ist, wie auch aus Abb. 8-1 hervorgeht. Die mit Abstand größten Abweichungen zum Modell weisen die Prozessparameterpaarungen auf, bei denen der MF-Leistungsanteil bestimmend ist. Die Modellierung mit HF zeigt indessen, dass die im realen Prozess auftretende Stromverdrängung in der hier betrachteten Konstellation sehr gut mit der vereinfachten Abstraktion abgebildet werden kann.

Bei der Betrachtung der Temperaturverläufe an der Oberfläche für die einzelnen Frequenzen stimmen die Verläufe für MF und HF mit den gemessenen meist überein. Größere Abweichungen treten zum Teil bei der MF-Modellierung auf, jedoch stimmen die Verläufe über größere Bereiche überein. Zudem wird die Endtemperatur gut abgebildet, wobei größere Abweichungen nur für den Versuch HF4,16_400 auftreten. Über den Einfluss der kontinuierlichen Veränderung der Schwingkreischarakteristika und deren Wirkung auf die Stromverdrängung im Induktor und somit auch in der Probe kann anhand dieses Modells keine Aussage getroffen werden, da diese Aspekte nicht abgebildet werden.

Die Betrachtung der Temperaturentwicklung während der Zweifrequenzerwärmung machte eine Bewertung schwierig, da die Temperaturmessungen für mehrere Prozessparametersätze durch einen doppelten Einbruch der Erwärmungsgeschwindigkeit gekennzeichnet sind, wie aus Abb. 7-20 ersichtlich. Das Modell ist in der Lage, die Temperaturentwicklung zu Beginn der Erwärmung erfassen zu können, jedoch ist nach Erreichen des Knickpunktes keine weitere Abbildung der Temperatur möglich. Des Weiteren wird die Erwärmungsgeschwindigkeit oberhalb der Curie-Temperatur vom Modell unterschätzt, wie aus Abb. 7-20 und Abb. 7-21 hervorgeht. Für den Versuch ZF6,73/3,24_400 stimmt die Modellierung bis etwa 700 °C mit dem Experiment überein, jedoch weist auch hier das Modell eine Überschätzung des weiteren Temperaturverlaufs auf.

Der Vergleich der Temperaturverläufe lässt darauf schließen, dass neben der Vernachlässigung bzw. vereinfachten Darstellung der Stromverdrängung auch das Einschwingverhalten des Generators zu Abweichungen zwischen Experiment und Modell führt. Ein weiterer Aspekt, der in der Modellierung keine Berücksichtigung findet, ist die lokal resultierende Magnetfeldstärke. In der Modellierung wird die Wärmequellendichte der einzelnen Frequenz jeweils separat bestimmt, wobei die Berücksichtigung der relativen Permeabilität auf dem Magnetfeld der entsprechenden Frequenz beruht. In einem weiteren Schritt wäre noch der Einfluss der lokal wirkenden Feldstärke zu untersuchen, um herauszufinden, ob bei der Bestimmung der Wärmequellendichte die lokale maximale Feldstärke verwendet werden sollte oder die der jeweiligen Frequenz als Approximation genügt.

Die implementierte Vorgehensweise bezüglich der magnetischen Nichtlinearität am Beispiel der HF-Simulation stellt eine gute Approximation des realen Materialverhaltens dar. Die Ergebnisse für HF3,45_500 ermöglichen die Abbildung der Temperaturentwicklung an der Oberfläche sehr genau, was im direkten Zusammenhang mit den Wärmequellen und somit auch der relativen Permeabilität steht.

Als Grundvoraussetzung zur Modellierung der induktiven Randschichthärtung zählt die Temperaturentwicklung während der Erwärmung. Jedoch spiegelt dies nur einen Prozessabschnitt wider. Des Weiteren wurden im Ergebnisteil nur Endzustände in Bezug auf die Bauteilcharakteristika miteinander verglichen, da eine experimentelle Bestimmung während des Prozesses nicht möglich ist. Gerade diese Problematik kann mit der numerischen Modellierung umgangen werden. In Abb. 8-2 ist exemplarisch der Verlauf der Tangentialspannung an der Oberfläche für den Versuch ZF6,73/2,73_500 wiedergegeben. Die Wahl zur Darstellung der Spannungsentwicklung an der Oberfläche erlaubt die Diskussion bezüglich der in Abb. 2-5 dargestellten Modellvorstellung zur Spannungsentwicklung.

Aus Abb. 8-2 ist zu entnehmen, dass sich zu Beginn der Erwärmung Druckspannungen bis zum Erreichen der entsprechenden Warmstauchgrenze aufbauen. Diese werden bis zum Erreichen der Austenitbildung abgebaut, da die Festigkeit des Werkstoffes mit steigender Temperatur abnimmt. Die Austenitbildung führt zu einer Verlagerung der Spannungen bis in den Zugbereich. Diese Spannungsumlagerung wird von der thermischen Ausdehnung überlagert, was dazu führt, dass ein erneuter Aufbau von Druckspannungen vor Beendigung der Austenitumwandlung eintritt. Nach vollständiger Austenitbildung bauen sich weiter Druckspannungen bis zum Erreichen der Endtemperatur auf. Aufgrund der abrupten Selbstabschreckung während der Haltezeit, gekennzeichnet durch einen sehr steilen Temperaturabfall (vgl. Abb. 7-21), gehen die Druckspannungen in Zugspannungen über. Während dem weiteren Verlauf der Haltephase nehmen die Zugspannungen bis zum Eintreten der Abschreckungsphase nur leicht zu. Mit dem Einsetzen der Abschreckung wird die Kontraktion der Oberfläche sprunghaft beschleunigt und führt in der Modellierung zu einer sprunghaften Zunahme der Zugspannungen. Dies hängt wiederum mit der sprunghaften Zunahme der Festigkeit der Austenitphase mit sinkender

Temperatur zusammen, da wie auch bei der Erwärmung die Warmstreck-grenze in Abhängigkeit der plastischen Dehnung als spannungslimitierende Größe fungiert. Hier wird auch deutlich, dass die Zugspannungen zu Be-ginn der martensitischen Umwandlung Werte über 250 MPa aufweisen. Die Volumenausdehnung, hervorgerufen durch die martensitische Um-wandlung, führt im weiteren Verlauf zum Aufbau der Druckspannungen. Bis zur Beendigung der Martensitbildung stimmt der qualitative Verlauf mit der Modellvorstellung aus Abschnitt 2.3 überein. Im weiteren Verlauf der Abschreckung wird der Temperaturausgleich zwischen Rand und Kern erreicht. Dieser führt zu einer größeren Kontraktion des wärmeren Kernes und somit einem weiteren Aufbau von Druckspannungen in der bereits umgewandelten Oberfläche. Die Höhe der Druckspannungen wird neben dem thermischen Ausdehnungskoeffizienten der Ausgangsphase von der Temperaturdifferenz zwischen Rand und Kern bestimmt. Somit würde sich in der Modellvorstellung unter Berücksichtigung des Kerneinflusses kein Abbau der Druckspannungen einstellen, sondern eine weitere Erhöhung erfolgen.

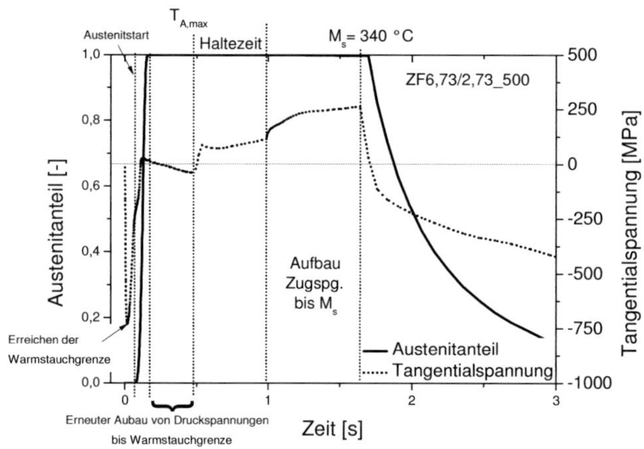

Abb. 8-2: Zeitliche Entwicklung der Tangentialspannungen sowie des Austenitanteils an der Oberfläche für ZF6,73/2,73_500

164

Wie aus dem Vergleich der Eigenspannungstiefenverläufe hervorgeht, stimmt nach dem Abtragen der qualitative Verlauf sehr gut mit dem gemessenen überein. Somit zeigt sich, dass das numerische Modell die Eigenspannungsentwicklung zuverlässig abbilden kann. Quantitativ liegen die Abweichungen im Bereich von 20-30%, was unter Berücksichtigung der Komplexität als gut betrachtet werden muss. Einflussgrößen zur Abweichung sollen im Folgenden diskutiert werden.

Die Umwandlungsplastizität (UP) während der Erwärmung kann als Einflussfaktor ausgeschlossen werden, was aus Abb. 8-3 hervorgeht. Bei der Vergleichsrechnung mit und ohne Umwandlungsplastizität während der Erwärmung sind minimale Unterschiede im Übergang vom Druck- zum Zugbereich erkennbar.

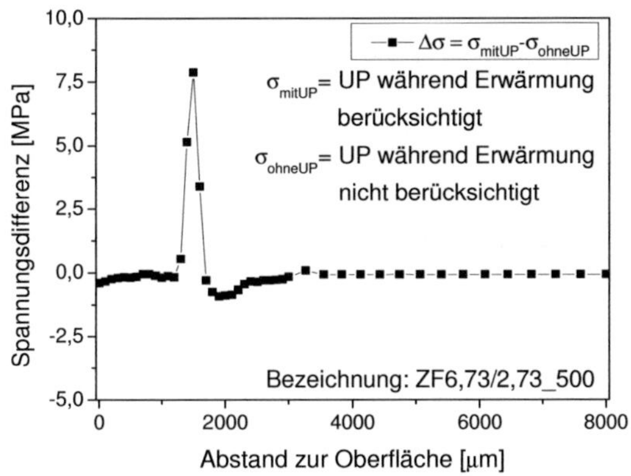

Abb. 8-3 Vergleichsrechnung zum Einfluss der Umwandlungsplastizität während der Erwärmung auf die resultierenden Eigenspannungen beim induktiven Randschichthärten

Im Gegensatz hierzu kann die UP während der martensitischen Umwandlung entscheidenden Einfluss haben. In [173] konnte gezeigt werden, dass die UP mit Erreichen der Fließgrenze des Austenits keinen linearen Anstieg in Abhängigkeit der Spannung aufweist. Die Zunahme ähnelt dem Verlauf der analytischen Lösung der Greenwood-Johnson-Beschreibung, deren vollständige Lösung in [94] gegeben ist und ohne die Vereinfachungen von Greenwood-Johnson hergeleitet wurde. Unter der Voraussetzung, dass der verwendete Werkstoff eine vergleichbare Abhängigkeit der UP von der Spannung wie in [173] aufweist, so würde der implementierte Ansatz zu einer Unterschätzung der resultierenden TRIP-Dehnung führen und gleichbedeutend mit einer zu hohen Eigenspannungsberechnung sein. Dies konnte in Abb. 7-19 durch die Erhöhung der UP-Konstante gezeigt werden.

Einen weiteren Einfluss könnte die Kerntemperatur darstellen, da sich beim Vergleich der Spitzentemperaturen bei 4 mm im Bauteilinneren grundsätzlich eine höhere Temperatur in der numerischen Modellierung einstellt und somit die Druckspannungen aufgrund des kontraktierenden Kernes auch größer ausfallen würden. Eine genaue Einschätzung ist momentan nicht möglich. Jedoch zeigt sich bei dem Versuch MF7,49_1000, dass trotz annähernd gleicher Kerntemperatur die resultierenden Eigenspannungen überschätzt werden.

Aus dem zeitlichen Verlauf der Eigenspannungsentwicklung in Abb. 8-2 geht hervor, dass eine mehrfache Spannungsänderung zu einer zyklischen Werkstoffbeanspruchung führt. Die Berücksichtigung des damit verbundenen Bauschingereffekts anhand eines kinematischen Verfestigungsmodells könnte womöglich zu einer besseren Beschreibung beitragen, da das derzeitige Materialmodell auf einer rein isotropen Verfestigung beruht.

Hinsichtlich der Werkstoffparameter konnte festgestellt werden, dass die thermischen Ausdehnungskoeffizienten sowie die Umwandlungsdehnung von Austenit zu Martensit eine wichtige Rolle in Bezug auf die resultierenden Eigenspannungen haben. Die Umwandlungsdehnung sorgt für den Aufbau von Druckspannungen, die durch die umwandlungsplastische Dehnung limitiert werden. Nach abgeschlossener Umwandlung sind ausschließlich die thermischen Dehnungen für die weitere Spannungsentwicklung von Bedeutung.

9.   Zusammenfassung

Das Ziel dieser Arbeit bestand darin, ein numerisches Berechnungsmodell zur Abbildung der induktiven Randschichthärtung von vergütetem 42CrMo4 unter Berücksichtigung der Zweifrequenzerwärmung zu entwickeln sowie eine Validierung anhand experimentell bestimmter Bauteilcharakteristika durchzuführen. Der Fokus der Arbeit lag neben der Bestimmung prozessrelevanter Eingabegrößen auf der Entwicklung einer geeigneten Methodik, um den Härteprozess hinsichtlich der Zweifrequenzerwärmung abbilden zu können.

Der entwickelte Lösungsansatz besteht aus einer Kopplung der Finite Elemente Pakete MSC.Marc und Abaqus/Standard. Die Umsetzung und Validierung wurde am Beispiel einer zylindrischen Probe durchgeführt. Die induktive Erwärmung wird in MSC.Marc berechnet. Seitens der elektromagnetischen Modellierung wurde das nichtlineare magnetische Verhalten des Werkstoffs 42CrMo4 implementiert, um eine Abhängigkeit der induzierten Wirbelströme von der Temperatur und der magnetischen Feldstärke zu ermöglichen. Das thermische Modell beinhaltet die Modellierung der Kurzzeitaustenitisierung für vergüteten 42CrMo4 und erlaubt somit die Berücksichtigung der Umwandlungswärme.

Der gesamte Härteprozess wird wiederum in Abaqus/Standard berechnet, wobei die thermische Entwicklung aus MSC.Marc als thermische Randbedingung der Erwärmung dient. Die Vernachlässigung mechanischer Einflüsse auf das Temperaturfeld und die Phasenumwandlungen in der Modellierung mit Abaqus/Standard erlaubt einen verlustfreien Transfer des thermischen Zustandes. Das mechanische Modell in Abaqus/Standard wurde um die Berücksichtigung der Umwandlungsplastizität während der Erwärmung erweitert.

Die Zweifrequenzmodellierung wird durch die Überlagerung der Leistungsanteile bestehend aus MF und HF umgesetzt. Ausgehend von der separaten Berechnung der jeweiligen Wärmequellen wird eine Überlagerung in der thermischen Berechnung in MSC.Marc durchgeführt. Mittels Pythonskript wird der gesamte Simulationsprozess gesteuert und automatisch durchgeführt.

Für die Modellierung der magnetischen Nichtlinearität wurde das magnetische Verhalten von 42CrMo4 in Abhängigkeit von der Temperatur bestimmt. Die Umwandlungsplastizität während der Erwärmung sowie die thermischen Ausdehnungskoeffizienten und Umwandlungsdehnungen wurden mittels Dilatometerstudien ermittelt. Für die thermische Berechnung wurden die spezifische Wärmekapazität und die Wärmeleitung bestimmt. Temperaturabhängige Fließkurven wurden für die Ausgangsphase sowie für unterkühlten Austenit experimentell ermittelt.

Induktionshärteversuche an zylindrischen Proben mit einer und mehreren Frequenzen wurden neben der Generierung notwendiger Prozessparameter auch für die Validierung der numerischen Modellierung durchgeführt. Die Proben wurden im Anschluss durch Härte- und Eigenspannungsmessungen charakterisiert. Makroschliffe in Längsrichtung dienten einer Beurteilung der Härtezone. Temperaturmessungen wurden neben der Kalibrierung als Validierungsgrößen verwendet.

Für die HF Modellierung der Einfrequenzhärtung stimmen die numerischen Ergebnisse im Vergleich mit den MF-Simulationen besser mit den experimentellen Daten überein. Als Ursache wird die Abstraktion der Stromverteilung in der Heizspule zur Berücksichtigung der Stromverdrängung gesehen. Bei der Mittelfrequenzanwendung kann die Änderung der Stromverteilung in der Heizspule mit steigender Stromstärke nur bedingt abgebildet werden, da die Wechselwirkungen im realen Prozess deutlich komplexer sind. Bei der Einhärtetiefe ist eine maximale Abweichung von 16% zu verzeichnen. Bei der Zweifrequenzsimulation zeigt sich, dass die Abweichung bei einer höheren MF-Leistung größer ist. Jedoch sind auch hier die Abweichungen nicht größer und stimmen überwiegend mit den experimentellen Verläufen überein.

Die Eigenspannungstiefenverläufe nach der induktiven Randschichthärtung werden von dem entwickelten Modell sehr gut wiedergegeben. Quantitativ überschätzt das Modell die gemessenen Werten um 20-30 %. Bei der Betrachtung der zeitlichen Spannungsentwicklung kann festgestellt werden, dass die Zugspannungen zu Beginn der martensitischen Umwandlung nahe der Fließgrenze liegen und somit der implementierte Ansatz nach Greenwood-Johnson zu einer Unterschätzung der umwandlungsplastischen Dehnung führt, was im Einklang mit den zu hohen Druckeigenspannungen stünde.

Die zu Beginn erläuterte Modellvorstellung zur Entstehung der Eigenspannungen während der induktiven Randschichthärtung kann anhand der numerischen Ergebnisse durch den Einfluss des Kernes erweitert werden. Nachdem der Rand vollständig martensitisch ist, wird dieser aufgrund der darauffolgenden Kontraktion des Kernes weiter unter Druck gesetzt. Dabei spielt neben dem thermischen Ausdehnungskoeffizienten des Kerngefüges, vor allem die Temperaturdifferenz zwischen Rand und Kern eine wichtige Rolle.

10. Literaturverzeichnis

[1] NORM: DIN EN 10052: Begriffe der Wärmebehandlung von Eisenwerkstoffen, Beuth Verlag, Berlin (1994)

[2] Norm: DIN 17022-5: Wärmebehandlung von Eisenwerkstoffen - Teil5: Verfahren der Wärmebehandlung Randschichthärten, Beuth Verlag, Berlin (2000)

[3] GROSCH, J.: Werkstoffseitige Grundlagen des induktiven Randschichthärtens. In: *Härterei-Technische Mitteilungen* Bd. 44 (1989), Nr. 4, S. 205–209

[4] WEIß, T.: Induktions- und Flammhärtung, Forschungsheft // Forschungsvereinigung Antriebstechnik. Frankfurt/M. : Forschungsvereinigung Antriebstechnik, 1983

[5] STÄHLI, G.: Die Kurzzeitig-Oberflächenhärtung von Stahl durch energiereiche Impulse (Induktion, Elektronenstrahl, Reibung, Laser). In: *Material und Technik* (1974), Nr. 4, S. 163–171

[6] DÜSSELDORF, M.: Induktionshärtung von Zahnstangen für Servolenkungen. In: *Härterei-Technische Mitteilungen* Bd. 56 (2001), Nr. 1, S. 48–50

[7] HANISCH, G.: Neue Anwendungen beim induktiven Randschichthärten in der Automobilindustrie. In: *Härterei-Technische Mitteilungen* Bd. 53 (1998), Nr. 6, S. 381–388

[8] HANISCH, G.: Qualität von Induktionshärteprozessen und -anlagen in der Serienfertigung. In: *Zeitschrift fuer Werkstoff, Waermebehandlung und Fertigung* Bd. 61 (2006), Nr. 2, S. 71–75

[9] VELTEN, E. ; RAUH, L.: Das induktive Randschichthärten in der betrieblichen Anwendung im Nutzfahrzeugmotorenbau. In: *Härterei-Technische Mitteilungen* Bd. 44 (1989), Nr. 3, S. 138–142

[10] JONES, K. T. ; NEWSOME, M. R. ; CARTER, M. D.: Case study comparison of distortion for an AGMA quality class 10 bevel gear gas carburized, versus contour induction hardening. In: *Proceedings of*

1rd International Conference of Distortion Engineering, Bremen, 14-16 September Bd. 1 (2005), Nr. 1, S. 213–223

[11] STIELE, H. ; SCHULTE, H.: Induktives Randschichthärten einzelner Komponenten von Windenergieanlagen. In: *Elektrowärme International* (2008), Nr. 3, S. 185–190

[12] DROZDA M. ; ROSSO M.: Effects of process parameters on induction hardening of PM steel parts. In: *Metal Powder Report* Bd. 53 (1998), Nr. 11, S. 40

[13] FAHRY, H. ; ZOCH, H.-W. ; SCHLICHT, H.: Entstehung von Eigenspannungen und Verzügen bei der induktiven Randschichthärtung von Bauteilen. In: *Härterei-Technische Mitteilungen* Bd. 44 (1989), Nr. 3, S. 149–156

[14] HOCK, ST. ; SCHULZ, M. ; WIEDMANN, D.: Wärmebehandlungsverzug. In: *Haertereitechnische Mitteilungen* Bd. 53 (1998), Nr. 1, S. 31–39

[15] RUDNEV, VALERY: *Handbook of induction heating.* New York : Marcel Dekker, 2003 — ISBN 9780824708481

[16] GUR, CEMIL HAKAN ; PAN, JIANSHENG: *Handbook of thermal process modeling of steels.* Boca Raton, Fla.; London : CRC ; Taylor & Francis [distributor], 2008 — ISBN 9780849350191   0849350190

[17] ZOCH, H.-W.: Randschichtverfestigung - Verfahren und Bauteileigenschaften Bd. 50 (1995), Nr. 5, S. 287–294

[18] BENKOWSKY, GÜNTER: *Induktionserwärmung.* 5., stark bearb. Aufl. Aufl. Berlin : Verl. Technik, 1990 — ISBN 3-341-00813-6

[19] PETER, H.-J.: Das induktive Randschichthärten mit dem Zweifrequenz-Simultan-Verfahren (SDF-Verfahren) – Anwendung und Erfahrungen. In: *Zeitschrift für Werkstofftechnik, Wärmebehandlung und Fertigung* Bd. 59 (2004), Nr. 2, S. 119–124

[20] DAWSON, F.P. ; JAIN, P.: A comparison of load commutated inverter systems for induction heating and melting applications. In: *Power Electronics, IEEE Transactions on* Bd. 6 (1991), Nr. 3, S. 430 –441

[21] MATTHES, H. G.: Qualitätssicherung beim Induktionshärten durch Erfassen der Wirkleistung im Werkstück. In: *Härterei-Technische Mitteilungen* Bd. 49 (1994), Nr. 6, S. 365–

[22] DEDE, E.J. ; JORDAN, J. ; ESTEVE, V.: State-of-the art and future trends in transistorised inverters for induction heating applications.

In: *Devices, Circuits and Systems, 2004. Proceedings of the Fifth IEEE International Caracas Conference on*. Bd. 1, 2004, S. 204–211

[23] RUFFINI, R. T. ; NEMKOV, V.: Induction Heating Systems Improvements by Application of Magentic Flux Controllers. Proc. of the International Induction Heating Seminar, Padova (1998), S. 133–139

[24] BURGDORF, E. H.: Abschreckfehler beim induktiven Randschichthärten. In: *Härterei-Technische Mitteilungen* Bd. 44 (1989), Nr. 3, S. 179–182

[25] RODMAN, DMYTRO ; KRAUSE, CHRISTIAN ; NÜRNBERGER, FLORIAN ; BACH, FRIEDRICH-WILHELM ; GERDES, LORENZ ; BREIDENSTEIN, BERND: Investigation of the surface residual stresses in spray cooled induction hardened gearwheels. In: *International Journal of Materials Research (formerly Zeitschrift fuer Metallkunde)* Bd. 103 (2012), Nr. 01, S. 73–79

[26] Rodman, Dmytro ; Krause, Christian ; Nürnberger, Florian ; Bach, Friedrich-Wilhelm ; Haskamp, Klaus ; Kästner, Markus ; Reithmeier, Eduard: Induction Hardening of Spur Gearwheels Made from 42CrMo4 Hardening and Tempering Steel by Employing Spray Cooling. In: *steel research international* Bd. 82 (2011), Nr. 4, S. 329–336

[27] BRAISCH, P. ; ROLLMANN, J.: *Kurzzeitaustenisierung*. Frankurt a.M. : Forschungskuratorium Maschinenbau e.V., 1995

[28] CLARKE, K.: The effect heating rate and microstructure scale on austenite formation, austenite homogenization, and as-quenched microstructure in three induction hardenable steels. Colorado, Colorado School of Mines, Dissertation, 2008

[29] TAUSCHER, H. ; BUCHHOLZ, H.: Der Einfluß der induktiven Oberflächenhärtung auf die Dauerschwingfestigkeitseigenschaften der Vergütungsstähle. In: *Draht* Bd. 20 (1969), Nr. 4, S. 231–239

[30] TAUSCHER, H. ; BUCHHOLZ, H.: Biegedauerfestigkeit des Allzahnhärtestahles Ck 53 nach induktiver Oberflächenhärtung. In: *Die Technik* Bd. 22 (1967), Nr. 9, S. 579–583

[31] TAUSCHER, H. ; BUCHHOLZ, H.: Dauerfestigkeit und Kerbempfindlichkeit induktiver oberflächengehärteter Vergütungsstähle. In: *Maschinenbautechnik* Bd. 17 (1968), Nr. 4, S. 170–174

[32] KAUFMANN, H.: Einfluß der Behandlungsparameter beim induktiven Randschichthärten auf die Schwingfestigkeit. Darmstadt : Fraunhofer-Inst. Betriebsfestigkeit LBF, 1999

[33] KAUFMANN, H. ; SONSINO, C. M.: Schwingfestigkeit induktionsgehärteter Bauteile aus AFP-Stählen. In: *Schmiede-Journal* (1999), S. 42–44

[34] SONSINO, C. M. ; KAUFMANN, H.: Einflüsse auf die Schwingfestigkeit von Gesenkschmiedeteilen. In: *VDI-Z* Bd. 133 (1991), Nr. 4, S. 131–143

[35] SONSINO, C. M. ; KAUFMANN, H. ; ENGELS, A.: Schwingfestigkeit von festgewalzten, induktionsgehärteten sowie kombiniert behandelten Eisen-Graphite-Gußwerkstoffen unter konstanten und zufallsartiger Belastung. In: *Giessereiforschung* Bd. 42 (1990), Nr. 3, S. 110–121

[36] KAUFMANN, H. ; SONSINO, C. M. ; WETTER, E.: Einfluß von Härtungsparametern auf die Schwingfestigkeit von Gesenkschmiedeteilen. In: *VDI-Z* Bd. 134 (1992), Nr. 11, S. 113–117

[37] CONRADT, G.: Betrachtungen zur Schwingfestigkeit von Bauteilen nach induktiver Randschichthärtung mit sehr kurzen Heizzeiten. In: *Zeitschrift für Werkstofftechnik, Wärmebehandlung und Fertigung* Bd. 61 (2006), Nr. 3, S. 165–171

[38] ROLLMANN, JÖRG: Wälzfestigkeit von induktiv randschichtgehärteten bauteilähnlichen Proben. Darmstadt, TU Darmstadt, Dissertation, 2000

[39] SHTANSKII, D. V.: Influence of alloying on the solution kinetics of carbide particles in the laser treatment of steel. In: *Russian Metallurgy* (1992), S. 153.156

[40] BRAISCH, P. ; ROLLMANN, J. ; BRAISCH, P. ; ROLLMANN, J.: Werkstoffkundliche Gesichtspunkte zur Beurteilung des Schwingfestigkeitsverhaltens induktiv randschichtgehärteter Bauteile, Werkstoffkundliche Gesichtspunkte zur Beurteilung des Schwingfestigkeitsverhaltens induktiv randschichtgehärteter Bauteile. In: *Materialwissenschaft und Werkstofftechnik, Materialwissenschaft und Werkstofftechnik* Bd. 31, 31 (2000), Nr. 1, 1, S. 66, 66–80, 80

[41] MACHERAUCH, E. ; WOHLFAHRT, H. ; WOLFSTIEG, U.: Zur zweckmäßigen Definition von Eigenspannungen. In: *Härterei-Technische Mitteilungen* Bd. 28 (1973), Nr. 3, S. 201–211

[42] MARKEGAARD, L. ; KRISTOFFERSEN, H.: Residual stress after surface hardening - an explanation of how residual stresses are created. In: *Proceedings of IFHTSE 2009* (2009)

[43] FRANK, D. A.: Untersuchungen über die Stahlauswahl und eine geeignete Wärmevorbehandlung für die induktive Oberflächenhärtung. Berlin, TU Berlin, Dissertation, 1964

[44] DOMKE, WILHELM: Über die Eigenspannungen in induktiv oberflächengehärteten Stahlzylindern, Universität Hannover, Dissertation, 1959

[45] GROSCH, J. ; KOCJANCIC, B. ; REICHELT, G.: Geschwindigkeitsbestimmende Vorgänge bei der Kurzzeitaustenitisierung. In: *Härterei-Technische Mitteilungen* Bd. 39 (1984), Nr. 5, S. 199–205

[46] SCHMIDT, ERIC ; SOLTESZ, DAVID ; ROBERTS, SCOTT ; BEDNAR, ABBIE ; SRIDHAR, SEETHARAMAN: The Austenite/Ferrite Front Migration Rate during Heating of IF Steel. In: *ISIJ International* Bd. 46 (2006), Nr. 10, S. 1500–1509

[47] ECKSTEIN, HANS-JOACHIM: *Wärmebehandlung von Stahl.* 2., durchges. Aufl. Aufl. Leipzig : Dt. Verl. für Grundstoffindustrie, 1971

[48] ZENKER, R.: Beitrag zur Entwicklung neuer Wärmebehandlungstechnologien in Verbindung mit hohen Erwärmungsgeschwindigkeiten. Dissertation Bergakademie Freiberg. Freiberg, 1986

[49] KOCJANČIČ, BOGDAN: Umwandlungsverhalten und Eigenschaftsänderungen einiger Stähle bei Impulswärmebehandlung. Berlin, TU Berlin, 1978

[50] SPEICH, G.R. ; SZIRMAE, A. ; RICHARDS, M.J.: Formation of austenite from ferrite and ferrite-carbide aggregates. In: *Transactions of the Metallurgical Society of Aime* Bd. 245 (1969), Nr. 5, S. 1063–1074. — WOS:A1969D336600026

[51] BROOKS, CHARLIE R.: *Principles of the austenitization of steels.* London [u.a.] : Elsevier Applied Science, 1992 — ISBN 1-85166-770-9

[52] JUDD, R. R. ; PAXTON, H. W.: Kinetics of austenite formation from spheroidized ferrite-carbide aggregate. In: *Transactions of the Metallurgical Society of Aime* Bd. 242 (1968), S. 206–215

[53] ROSE, A. ; STRASSBURG, W.: Kinetik der Austenitbildung unlegierter und niedriglegierter untereutektoide Stähle. In: *Archiv Eisenhüttenwesen* Bd. 27 (1956), Nr. 8, S. 513–520

[54] SAVRAN, V. ; OFFERMAN, S. ; SIETSMA, J.: Austenite Nucleation and Growth Observed on the Level of Individual Grains by Three-Dimensional X-Ray Diffraction Microscopy. In: *Metallurgical and Materials Transactions A* Bd. 41 (2010), Nr. 3, S. 583–591

[55] CABALLERO, F. G. ; CAPDEVILA, C. ; ANDRÉS, C. GARCÍA: Influence of pearlite morphology and heating rate on the kinetics of continuously heated austenite formation in a eutectoid steel. In: *Metallurgical and Materials Transactions A* Bd. 32 (2001), Nr. 6, S. 1283–1291

[56] SHEARD, G. ; NUTTING, J.: Influence of iron carbide morphology on nucleation and grain-growth of austenite. In: *Metals Technology* Bd. 7 (1980), Nr. MAY, S. 192–196. — WOS:A1980JU90200003

[57] CUNNINGHAM, J. ; MEDLIN, D. ; KRAUSS, G.: Effects of induction hardening and prior cold work on a microalloyed medium carbon steel. In: *Journal of Materials Engineering and Performance* Bd. 8 (1999), Nr. 4, S. 401–408

[58] HILLERT, MATS: Critical limit for massive transformation. In: *Metallurgical and Materials Transactions A* Bd. 33 (2002), Nr. 8, S. 2299–2308

[59] MASSALSKI, TB: Massive transformations revisited. In: *Metallurgical and Materials Transactions a-Physical Metallurgy and Materials Science* Bd. 33 (2002), Nr. 8, S. 2277–2283. — WOS:000177568700003

[60] MENON, E. SARATH K. ; AARONSON, H.I.: The Massive Transformation: A Critical Review. In: *Materials Science Forum* Bd. 3 (1985), S. 211–229

[61] SPEICH, G. ; DEMAREST, V. ; MILLER, R.: Formation of Austenite During Intercritical Annealing of Dual-Phase Steels. In: *Metallurgical and Materials Transactions A* Bd. 12 (1981), Nr. 8, S. 1419–1428

[62] ROSE, A.: Der Austenitisierungsprozeß bei schnell verlaufenden Erwärmungsvorgängen. In: *Das Industrieblatt* Bd. 58 (1958), Nr. 4, S. 160–166

[63] ORLICH, JÜRGEN: Beschreibung der Austenitisierungsvorgänge unlegierter und legierter Stähle bei induktiver Schnellerwärmung. Berlin, TU Berlin, Dissertation, 1971

[64] ROTH, WILFRIED: Untersuchungen über die Austenitbildung bei einigen unlegierten und niedriglegierten Stählen unter besonderer Berücksichtigung hoher Erhitzungsgeschwindigkeiten. Berlin, TU Berlin, Dissertation, 1963

[65] MIYAMOTO, G. ; USUKI, H. ; LI, Z.-D. ; FURUHARA, T.: Effects of Mn, Si and Cr addition on reverse transformation at 1073 K from spheroidized cementite structure in Fe–0.6 mass% C alloy. In: *Acta Materialia* Bd. 58 (2010), Nr. 13, S. 4492–4502

[66] NOLFI, FRANK V. ; SHEWMON, PAUL G. ; FOSTER, JAMES S.: The dissolution kinetics of Fe3C in ferrite — A theory of interface migration. In: *Metallurgical Transactions* Bd. 1 (1970), Nr. 8, S. 2291–2298

[67] HILLERT, M. ; NILSSON, K. ; TÖRNDAHL, L.-E.: Effect of alloying elements on formation of austenite and dissolution of cementite. In: *Journal of the Iron and Steel Institute* (1971), S. 49–66

[68] NILSSON, K.: The dissolution of cementite during austenitization of steel. In: *Transactions ISIJ* Bd. 11 (1970), S. 149–156

[69] ÅGREN, JOHN ; VASSILEV, G.P.: Computer simulations of cementite dissolution in austenite. In: *Materials Science and Engineering* Bd. 64 (1984), Nr. 1, S. 95–103

[70] AGREN, J.: Kinetics of carbide dissolution. In: *Scandinavian Journal of Metallurgy* Bd. 19 (1990), Nr. 1, S. 2–8. — WOS:A1990CN28400001

[71] BAILEY, NEIL S. ; TAN, WENDA ; SHIN, YUNG C.: Predictive modeling and experimental results for residual stresses in laser hardening of AISI 4140 steel by a high power diode laser. In: *Surface and Coatings Technology* Bd. 203 (2009), Nr. 14, S. 2003–2012

[72] MALECKI, P. ; BARBACKI, A.: On the mechanism of cementite dissolution in austenite. In: *Steel Research* Bd. 59 (1988), Nr. 3, S. 121–124. — WOS:A1988M782400006

[73] ORLICH, JÜRGEN ; ROSE, ADOLF ; WIEST, PAUL: *Zeit - Temperatur - Austenitisierung - Schaubilder*. Düsseldorf : Verl. Stahleisen, 1973 — ISBN 3-514-00133-2

[74] RÖDEL, J. ; SPIES, H.-J.: Modelling of austenite formation during rapid heating. In: *Surface Engineering* Bd. 12 (1996), Nr. 4, S. 313–318

[75] REINHARD, W.: Der komplexe Einfluss von Korngröße, Kohlenstoffverteilung und Aufheizgeschwindigkeit auf die alpha-gamma Phasenumwandlung in Eisen. Dresden, Zentralinstitut für Festkörperphysik und Werkstofforschung, Dissertation, 1983

[76] BÖSLER, RALF-PETER: Beitrag zum Umwandlungs-, Auflösungs- und Kornwachstumsverhalten bei kontinuierlicher Erwärmung. Aachen, RWTH Aachen, Dissertation, 1995

[77] MOLINDER, G.: A quantitive study of the formation of austenite and the solution of cementite at different austenizing temperatures for a 1.27 percent carbon steel. In: *Acta Metallurgica* Bd. 4 (1956), Nr. 6, S. 565–571. — WOS:A1956WG12600001

[78] SCHMIDT, E. ; WANG, Y. ; SRIDHAR, S.: A study of nonisothermal austenite formation and decomposition in Fe-C-Mn alloys. In: *Metallurgical and Materials Transactions A* Bd. 37 (2006), Nr. 6, S. 1799–1810

[79] SCHMIDT, ERIC ; DAMM, E. ; SRIDHAR, SEETHARAMAN: A Study of Diffusion- and Interface-Controlled Migration of the Austenite/Ferrite Front during Austenitization of a Case-Hardenable Alloy Steel. In: *Metallurgical and Materials Transactions A* Bd. 38 (2007), Nr. 4, S. 698–715

[80] HAWORTH, W.L. ; PARR, J.G.: Effect of rapid heating on alphasgamma transformation in iron. In: *Asm Transactions Quarterly* Bd. 58 (1965), Nr. 4, S. 476–488. — WOS:A19657165600005

[81] MIOKOVIĆ, TATJANA: Analyse des Umwandlungsverhaltens bei ein- und mehrfacher Kurzzeithärtung bzw. Laserstrahlhärtung des Stahls 42CrMo4. Karlsruhe, TH Karlsruhe, Dissertation, 2005

[82] KRAUSS, GEORGE: *Steels*. Materials Park, Ohio : ASM International, 1989 — ISBN 0-87170-370-X

[83] VÖHRINGER, O. ; MACHERAUCH, E.: Struktur und mechanische Eigenschaften von Martensit. In: *Härterei-Technische Mitteilungen* Bd. 32 (1977), Nr. 4, S. 153–166

[84] MAALEKIAN, MEHRAN ; KOZESCHNIK, ERNST: Modeling mechanical effects on promotion and retardation of martensitic transformation.

In: *Materials Science and Engineering: A* Bd. 528 (2011), Nr. 3, S. 1318–1325

[85] KURDJUMOV, G.: Martensite crystal-lattice, mechanism of austenite-martensite transformation and behavior of carbon-atoms in martensite. In: *Metallurgical Transactions a-Physical Metallurgy and Materials Science* Bd. 7 (1976), Nr. 7, S. 999–1011. — WOS:A1976BZ21700010

[86] NISHIYAMA, ZENJI: *Martensitic transformation.* New York, N.Y. [u.a.] : Academic Press, 1978 — ISBN 0-12-519850-7

[87] THOMAS, GARETH: Electron microscopy investigations of ferrous martensites. In: *Metallurgical Transactions* Bd. 2 (1971), Nr. 9, S. 2373–2385

[88] GARCÍA-JUNCEDA, A. ; CAPDEVILA, C. ; CABALLERO, F.G. ; DE ANDRÉS, C. GARCÍA: Dependence of martensite start temperature on fine austenite grain size. In: *Scripta Materialia* Bd. 58 (2008), Nr. 2, S. 134–137

[89] YANG, HONG-SEOK ; BHADESHIA, H.K.D.H.: Austenite grain size and the martensite-start temperature. In: *Scripta Materialia* Bd. 60 (2009), Nr. 7, S. 493–495

[90] LEE, SEOK JAE ; LEE, YOUNG KOOK: Effect of Austenite Grain Size on Martensitic Transformation of a Low Alloy Steel. In: *Materials Science Forum* Bd. 475–479 (2005), S. 3169–3172

[91] FISCHER, F. D. ; SUN, Q.-P. ; TANAKA, K.: Transformation-Induced Plasticity (TRIP). In: *Applied Mechanics Reviews* Bd. 49 (1996), Nr. 6, S. 317–364

[92] GREENWOOD, G. W. ; JOHNSON, R. H.: The Deformation of Metals Under Small Stresses During Phase Transformations. In: *Proceedings of the Royal Society of London. Series A. Mathematical and Physical Sciences* Bd. 283 (1965), Nr. 1394, S. 403 –422

[93] MAGEE, C. L.: Transformation kinetics, microplasticity and ageing of martensite in Fe-31-Ni. Pittsburh, Carnegie Mellon University, Dissertation, 1966

[94] ZWIGL, P. ; DUNAND, D.C.: A non-linear model for internal stress superplasticity. In: *Acta Materialia* Bd. 45 (1997), Nr. 12, S. 5285–5294

[95]   DAVES, WERNER: Mikro- und makro-mechanische Simulation des Deformationsverhaltens von Stählen unter Berücksichtigung von Umwandlungs- und Diffusionsvorgängen, Fortschrittberichte VDI . Reihe 18, Mechanik, Bruchmechanik, ISSN 0341-2369. Als Ms. gedr. Aufl. Düsseldorf : VDI-Verl., 1994 — ISBN 3-18-144118-X

[96]   MITTER, WERNER: Umwandlungsplastizität und ihre Berücksichtigung bei der Berechnung von Eigenspannungen, Materialkundlich-technische Reihe , ISSN 0170-589x. Berlin [u.a.] : Borntraeger, 1987 — ISBN 3-443-23008-3

[97]   HUNKEL, M. ; DALGIC, M. ; HOFFMANN, F.: Plasticity of the Low Alloy Steel SAE 5120 during Heating and Austenitizing. In: *BHM Berg- und Hüttenmännische Monatshefte* Bd. 155 (2010), Nr. 3, S. 125–128

[98]   CORET, M ; CALLOCH, S ; COMBESCURE, A: Experimental study of the phase transformation plasticity of 16MND5 low carbon steel induced by proportional and nonproportional biaxial loading paths. In: *European Journal of Mechanics - A/Solids* Bd. 23 (2004), Nr. 5, S. 823–842

[99]   LEBLOND, J.B. ; DEVAUX, J. ; DEVAUX, J.C.: Mathematical modelling of transformation plasticity in steels I: Case of ideal-plastic phases. In: *International Journal of Plasticity* Bd. 5 (1989), Nr. 6, S. 551–572

[100]   WOLFF, M. ; BÖHM, M. ; SUHR, B.: Comparison of different approaches to transformation-induced plasticity in steel. In: *Material-wissenschaft und Werkstofftechnik* Bd. 40 (2009), Nr. 5-6, S. 454–459

[101]   FISCHER, F.D. ; REISNER, G. ; WERNER, E. ; TANAKA, K. ; CAILLETAUD, G. ; ANTRETTER, T.: A new view on transformation induced plasticity (TRIP). In: *International Journal of Plasticity* Bd. 16 (2000), Nr. 7–8, S. 723–748

[102]   HAN, HEUNG NAM ; LEE, JAE KON: A Constitutive Model for Transformation Superplasticity under External Stress during Phase Transformation of Steels. In: *ISIJ International* Bd. 42 (2002), S. 200–205

[103]   HAN, H. N. ; LEE, J. K. ; SUH, D.-W. ; KIM, S.-J.: Diffusion-controlled transformation plasticity of steel under externally applied stress. In: *Philosophical Magazine* Bd. 87 (2007), Nr. 1, S. 159–176

[104] LIU, Y.C. ; SOMMER, F. ; MITTEMEIJER, E.J.: Kinetics of austenitization under uniaxial compressive stress in Fe–2.96 at.% Ni alloy. In: *Acta Materialia* Bd. 58 (2010), Nr. 3, S. 753–763

[105] MOHAPATRA, G. ; SOMMER, F. ; MITTEMEIJER, E.J.: The austenite to ferrite transformation of Fe–Ni under the influence of a uniaxially applied tensile stress. In: *Acta Materialia* Bd. 55 (2007), Nr. 13, S. 4359–4368

[106] WOLFF, M. ; BÖHM, M. ; BÖKENHEIDE, S. ; LAMMERS, D. ; LINKE, T.: An implicit algorithm to verify creep and TRIP behavior of steel using uniaxial experiments. In: *ZAMM - Journal of Applied Mathematics and Mechanics / Zeitschrift für Angewandte Mathematik und Mechanik* Bd. 92 (2012), Nr. 5, S. 355–379

[107] ZOCH, H.-W.: Distortion engineering: vision or ready to application? In: *Materialwissenschaft und Werkstofftechnik* Bd. 40 (2009), Nr. 5-6, S. 342–348

[108] LI, HUIPING ; ZHAO, GUOQUN ; HE, LIANFANG: Finite element method based simulation of stress–strain field in the quenching process. In: *Materials Science and Engineering: A* Bd. 478 (2008), Nr. 1-2, S. 276–290

[109] JUNG, MINSU ; KANG, MINWOO ; LEE, YOUNG-KOOK: Finite-element simulation of quenching incorporating improved transformation kinetics in a plain medium-carbon steel. In: *Acta Materialia* Bd. 60 (2012), Nr. 2, S. 525–536

[110] SIMSIR, CANER ; GÜR, C. HAKAN: 3D FEM simulation of steel quenching and investigation of the effect of asymmetric geometry on residual stress distribution. In: *Journal of Materials Processing Technology* Bd. 207 (2008), Nr. 1-3, S. 211–221

[111] LEE, SEOK-JAE ; LEE, YOUNG-KOOK: Finite element simulation of quench distortion in a low-alloy steel incorporating transformation kinetics. In: *Acta Materialia* Bd. 56 (2008), Nr. 7, S. 1482–1490

[112] ROHDE, JUTTA ; JEPPSSON, ANDERS: Literature review of heat treatment simulations with respect to phase transformation, residual stresses and distortion. In: *Scandinavian Journal of Metallurgy* Bd. 29 (2000), Nr. 2, S. 47–62

[113] LEBLOND, J.-B. ; MOTTET, G. ; DEVAUX, J. ; DEVAUX, J.-C.: Mathematical models of anisothermal phase transformations in steels, and

predicted plastic behaviour. In: *Materials Science and Technology* Bd. 1 (1985), Nr. 10, S. 815–822

[114] DENIS, S. ; SJÖSTRÖM, S. ; SIMON, A.: Coupled temperature, stress, phase transformation calculation. In: *Metallurgical Transactions A* Bd. 18 (1987), Nr. 7, S. 1203–1212

[115] SIMSIR, C. ; GÜR, C. H.: Simulation of Quenching. In: GÜR, C. H. ; PAN, J. (Hrsg.): *Handbook of Thermal Process Modeling of Steels.* Boca Raton [u.a.] : CRC, Taylor & Francis, 2009, S. 341–426

[116] DENIS, S.: Considering Stress-Phase Transformation Interactions in the Calculation of Heat Treatment Residual Stresses. In: *Le Journal de Physique IV* Bd. 06 (1996), Nr. C1, S. 159–174

[117] FARIAS, D. ; DENIS, S. ; SIMON, ANDRÉ: Modelling of Phase Transformations during Fast Heating and Cooling in Steels. In: *Key Engineering Materials* Bd. 46–47 (1990), S. 139–152

[118] LEBLOND, J.B. ; DEVAUX, J.: A new kinetic model for anisothermal metallurgical transformations in steels including effect of austenite grain size. In: *Acta Metallurgica* Bd. 32 (1984), Nr. 1, S. 137–146

[119] LUETJENS, J. ; HEUER, V. ; KOENIG, F. ; LÜBBEN, TH. ; SCHULZE, V. ; TRAPP, N.: Computer Aided Simulation of Heat Treatment (C.A.S.H.), Teil 2: Bestimmung von Eingabedaten zur FEM-Simulation des Einsatzhärtens. In: *Zeitschrift fuer Werkstoff, Waermebehandlung und Fertigung* Bd. 61 (2006), Nr. 1, S. 10–18

[120] JARAMILLO, ROGER A. ; LUSK, MARK T.: Dimensional anisotropy during phase transformations in a chemically banded 5140 steel. Part II: modeling. In: *Acta Materialia* Bd. 52 (2004), Nr. 4, S. 859–867

[121] JARAMILLO, ROGER A. ; LUSK, MARK T. ; MATAYA, MARTIN C.: Dimensional anisotropy during phase transformations in a chemically banded 5140 steel. Part I: experimental investigation. In: *Acta Materialia* Bd. 52 (2004), Nr. 4, S. 851–858

[122] HUNKEL, M: Anisotropic transformation strain and transformation plasticity: two corresponding effects. In: *MATERIALWISSEN-SCHAFT UND WERKSTOFFTECHNIK* Bd. 40 (2009), Nr. 5-6, S. 466–472

[123] DENIS, S. ; ARCHAMBAULT, P. ; AUBRY, C. ; MEY, A. ; LOUIN, J.CH. ; SIMON, A.: Modelling of phase transformation kinetics in steels and

coupling with heat treatment residual stress predictions. In: *Le Journal de Physique IV* Bd. 09 (1999), Nr. PR9, S. 10

[124] CAPELLO, EDOARDO ; GIORLEO, LUCA ; PREVITALI, BARBARA: Modelling of the transient thermal field in laser surface treatment test. In: *The International Journal of Advanced Manufacturing Technology* Bd. 40 (2009), Nr. 3, S. 307–315

[125] JOO, H.D ; KIM, S.U ; SHIN, N.S ; KOO, Y.M: An effect of high magnetic field on phase transformation in Fe–C system. In: *Materials Letters* Bd. 43 (2000), Nr. 5-6, S. 225–229

[126] ZHANG, YUDONG ; VINCENT, G. ; DEWOBROTO, N. ; GERMAIN, L. ; ZHAO, XIANG ; ZUO, LIANG ; ESLING, C.: The effects of thermal processing in a magnetic field on grain boundary characters of ferrite in a medium carbon steel. In: *Journal of Materials Science* Bd. 40 (2005), Nr. 4, S. 903–908

[127] LIVSIC, BORIS G: *Physikalische Eigenschaften der Metalle und Legierungen.* Leipzig : Dt. Verl. für Grundstoffindustrie, 1989 — ISBN 3342003103 9783342003106

[128] JILES, D. C ; JILES, D. C: Variation of the magnetic properties of AISI 4140 steels with plastic strain, Variation of the magnetic properties of AISI 4140 steels with plastic strain. In: *physica status solidi (a), physica status solidi (a)* Bd. 108, 108 (1988), Nr. 1, 1, S. 417, 417–429, 429

[129] JONES, WENDELL B.: Influence of the magnetomechanical effect in testing of inductively heated ferritic steel. In: *Scripta Metallurgica* Bd. 16 (1982), Nr. 9, S. 1067–1072

[130] BARKA, N. ; BOCHER, PHILIPPE ; BROUSSEAU, J. ; GALOPIN, M. ; SUNDARARAJAN, S.: Modeling and Sensitivity Study of the Induction Hardening Process. In: *Advanced Materials Research* Bd. 15–17 (2007), S. 525–530

[131] CAJNER, F. ; SMOLJAN, B. ; LANDEK, D.: Computer simulation of induction hardening. In: *Journal of Materials Processing Technology* Bd. 157–158 (2004), S. 55–60

[132] COUPARD, DOMINIQUE ; PALIN-LUC, THIERRY ; BRISTIEL, PHILIPPE ; JI, VINCENT ; DUMAS, CHRISTIAN: Residual stresses in surface induction hardening of steels: Comparison between experiment and simulation. In: *Materials Science and Engineering: A* Bd. 487 (2008), Nr. 1-2, S. 328–339

[133] GAUDE-FUGAROLAS, DANIEL: Modelling Induction Hardening: A detailed example of modelling techniques applied to the materials science aspects of a manufacturing process : VDM Verlag Dr. Muller Aktiengesellschaft & Co. KG, 2008 — ISBN 3639062965

[134] HÖMBERG, DIETMAR: A mathematical model for induction hardening including mechanical effects. In: *Nonlinear Analysis: Real World Applications* Bd. 5 (2004), Nr. 1, S. 55–90

[135] INOUE, T. ; INOUE, H. ; IKUDA, F. ; HORINO, T.: Simulation of Dual Frequency Induction Hardening Process of a Gear Wheel. In: *Proceedings of Third International Conference on Quenching and Control of Distortion* (1999), S. 243–250

[136] LUPI, S. ; DUGHIERO, F. ; FORZAN, M.: Modelling Single- and Double-Frequency Induction Hardening of Gear Wheels, Proceedings of EPM (2006), S. 473–478

[137] MELANDER, M.: Computer calculations of residual stresses due to induction hardening. In: *Eigenspannungen: Entstehung-Messung-Bewertung*. Oberursel : Macherauch, E. und Haug, V., 1983, S. 309–328

[138] MELANDER, MIKAEL: Theoretical and experimental study of stationary and progressive induction hardening. In: *Journal of Heat Treating* Bd. 4 (1985), Nr. 2, S. 145–166

[139] TAKAGAKI, M. ; TOI, Y.: Coupled Analysis of Induction Hardening Considering Induction Heating, Thermal Elasto-viscoplastic Damage, and Phase Transformation. In: *International Journal of Damage Mechanics* Bd. 19 (2009), Nr. 3, S. 321–338

[140] WRONA, ELMAR: Numerische Simulation des Erwärmungsprozesses für das induktive Randschichthärten komplexer Geometrien. Hannover, Universität Hannover, Dissertation, 2005

[141] YUAN, J. ; KANG, J. ; RONG, Y. ; SISSON JR, R. D.: FEM Modeling of Induction Hardening Processes in Steel. In: *Journal of Materials Engineering and Performance* Bd. 12 (2003), Nr. 5, S. 589–596

[142] ZEDLER, T. ; NIKANOROV, A. ; NACKE, B.: Numerical simulation for induction surface hardening of complex geometries. In: *Proceedings of International Symposium on Heating by Electromagnetic Sources* (2007), S. 529–536

[143] MELANDER, M. ; NICOLOV, J.: Heating and cooling transformation diagrams for the rapid heat treatment of two alloy steels. In: *Journal of Heat Treating* Bd. 4 (1985), Nr. 1, S. 32–38

[144] OSTROWSKI, J.: Boundary Element Method for Inductive Hardening. Dissertation Eberhard-Karls-Universität Tübingen. Tübingen, Universität Tübingen, Dissertation, 2003

[145] NORM: DIN EN 10002-5: Metallische Werkstoffe - Teil5: Zugversuch, Prüfverfahren bei erhöhten Temperaturen, Beuth Verlag, Berlin (1992)

[146] CZICHOS, HORST ; SAITO, TETSUYA ; SMITH, LESLIE: *Springer Handbook of Materials Measurement Methods*. Berlin, Heidelberg : Springer Science+Business Media, Inc., 2007 —
ISBN 9783540303008 3540303006

[147] KAWAGUCHI, HIROKI ; ENOKIZONO, MASATO ; TODAKA, TAKASHI: Thermal and magnetic field analysis of induction heating problems. In: *Journal of Materials Processing Technology* Bd. 161 (2005), Nr. 1-2, S. 193–198

[148] NORM: DIN EN 6507-1: Metallische Werkstoffe - Teil1: Härteprüfung nach Vickers - Prüfverfahren, Beuth Verlag, Berlin (2006)

[149] MACHERAUCH, E. ; MÜLLER, P.: Das sin2-phi-Verfahren der röntgenographischen Spannungsmessung. In: *Zeitschrift für angewandte Physik* Bd. 13 (1961), S. 340–345

[150] WOLFSTIEG, U.: Spannungsmeßverfahren. 1.4. Die Symmetrisierung unsymmetrischer Interferenzlinien mit Hilfe von Spezialblenden. In: *Härterei-Technische Mitteilungen* Bd. 31 (1976), Nr. 1/2, S. 23–26

[151] LEHNER, GÜNTHER: *Elektromagnetische Feldtheorie für Ingenieure und Physiker*. 7. bearb. Aufl. Aufl. Berlin, Heidelberg : Springer, 2010 — ISBN 978-3-642-13042-7

[152] BAY, F ; LABBE, V ; FAVENNEC, Y ; CHENOT, JL: A numerical model for induction heating processes coupling electromagnetism and thermomechanics. In: *International Journal for Numerical Methods in Engineering* Bd. 58 (2003), Nr. 6, S. 839–867

[153] SCHWAB, ADOLF J.: *Begriffswelt der Feldtheorie*. 6., unveränd. Aufl. Aufl. Berlin [u.a.] : Springer, 2002 — ISBN 978-3-540-42018-7

[154] LUPI, S.: Appunti di Elettrotermia. Vorlesungsskript Institute für Elektrothermische Prozesstechnik. Universität Padova, 2005

[155] LABRIDIS, D. ; DOKOPOULOS, P.: Calculation of eddy current losses in nonlinear ferromagnetic materials. In: *Magnetics, IEEE Transactions on* Bd. 25 (1989), Nr. 3, S. 2665–2669

[156] SIMSIR, C. ; HUNKEL, M. ; LÜTJENS, J. ; RENTSCH, R.: Process-chain simulation for prediction of the distortion of case-hardened gear blanks. In: *Materialwissenschaft und Werkstofftechnik* Bd. 43 (2012), Nr. 1-2, S. 163–170

[157] BESSERDICH, GERHARD: Untersuchungen zur Eigenspannungs- und Verzugsausbildung beim Abschrecken von Zylindern aus den Stählen 42 CrMo 4 und Ck 45 unter Berücksichtigung der Umwandlungsplastizität. Karlsruhe, TH Karlsruhe, Dissertation, 1993

[158] SJÖSTRÖM, S.: Interactions and constitutive models for calculating quench stresses in steel. In: *Materials Science and Technology* Bd. 1 (1985), Nr. 10, S. 823–829

[159] SJOSTRÖM, S.: *The Calculation of Quench Stresses in Steel.* Linköping, Linköping University, 1982

[160] MIOKOVIC, T. ; SCHULZE, V. ; VÖHRINGER, O. ; LÖHE, D.: Prediction of phase transformations during laser surface hardening of AISI 4140 including the effects of inhomogeneous austenite formation. In: *Materials Science and Engineering: A* Bd. 435–436 (2006), S. 547–555

[161] SURM, H. ; KESSLER, O. ; HUNKEL, M. ; HOFFMANN, F. ; MAYR, P.: Modelling the ferrite/carbide → austenite transformation of hypoeutectoid and hypereutectoid steels. In: *Journal de Physique IV (Proceedings)* Bd. 120 (2004), S. 9

[162] ODDY, A.S. ; MCDILL, J.M.J. ; KARLSSON, L.: Microstructural predictions including arbitrary thermal histories, reaustenization and carbon segregation effects. In: *Canadian Metallurgical Quarterly* Bd. 35 (1996), Nr. 3, S. 275–283

[163] DYKHUIZEN, R. C. ; ROBINO, C. V. ; KNOROVSKY, G. A.: A method for extracting phase change kinetics from dilatation for multistep transformations: Austenitization of a low carbon steel. In: *Metallurgical and Materials Transactions B* Bd. 30 (1999), Nr. 1, S. 107–117

[164] CHRISTIAN, J. W.L: *The theory of transformations in metals and alloys*. Amsterdam [u.a.] : Pergamon, 2002 — ISBN 0-08-044019-3

[165] LIU, F. ; SOMMER, F. ; BOS, C. ; MITTEMEIJER, E. J.: Analysis of solid state phase transformation kinetics: models and recipes. In: *International Materials Reviews* Bd. 52 (2007), Nr. 4, S. 193–212

[166] MIOKOVIC, T ; SCHWARZER, J ; SCHULZE, V ; VOHRINGER, O ; LOHE, D: Description of short time phase transformations during the heating of steels based on high-rate experimental data. In: *Journal de Physique IV* Bd. 120 (2004), S. 591–598

[167] RAI, ARUN KUMAR ; RAJU, S. ; JEYAGANESH, B. ; MOHANDAS, E. ; SUDHA, R. ; GANESAN, V.: Effect of heating and cooling rate on the kinetics of allotropic phase changes in uranium: A differential scanning calorimetry study. In: *Journal of Nuclear Materials* Bd. 383 (2009), Nr. 3, S. 215–225

[168] YU, HAN-JONG: Berechnung von Abkühlungs-, Umwandlungs-, Schweiss-, sowie Verformungseigenspannungen mit Hilfe der Methode der finiten Elemente. Karlsruhe, TH Karlsruhe, 1977

[169] [KROTZKI, B.: The course of the volume fraction of martensite vs. temperature function Mx(T). In: *Le Journal de Physique IV* Bd. 01 (1991), Nr. C4, S. C4–367–C4–372

[170] KOISTINEN, D. ; MARBURGER, R.: A general equation prescribing the extent of the austenite-martensite transformation in pure iron-carbon alloys and plain carbon steels. In: *Acta Metallurgica* Bd. 7 (1959), Nr. 1, S. 59–60. — WOS:A1959WG15100009

[171] ASHBY, M.F. ; EASTERLING, K.E.: The transformation hardening of steel surfaces by laser beams—I. Hypo-eutectoid steels. In: *Acta Metallurgica* Bd. 32 (1984), Nr. 11, S. 1935–1948

[172] TROELL, E. ; KRISTOFFERSEN, H. ; LÖVGREN, M. ; STRAND, N.-E.: Influence on quenchant performance during induction hardening. In: *Heat Processing* Bd. 8 (2010), Nr. 4, S. 329–334

[173] AHRENS, UWE: Beanspruchungsabhängiges Umwandlungsverhalten und Umwandlungsplastizität niedrig legierter Stähle mit unterschiedlich hohen Kohlenstoffgehalten. Paderborn, Universität Paderborn, Dissertation, 2003

[174] [ROBERT, PHILIPPE: *Electrical and magnetic properties of materials*. Norwood, Mass. : Artech House, 1988 — ISBN 0-89006-262-5

[175] HANSSON, S. ; FISK, M.: Simulations and measurements of combined induction heating and extrusion processes. In: *Finite Elements in Analysis and Design* Bd. 46 (2010), Nr. 10, S. 905–915

[176] CEDRAT: Volume 2 - Physical description, circuit coupling, kinematic coupling. In: *Flux 10 User's guide* : Cedrat, 2009

[177] NORM: DIN EN ISO 2639: Stahl: Bestimmung und Prüfung der Einsatzhärtetiefe, Beuth Verlag, Berlin (2003)

[178] ECKSTEIN, HANS-JOACHIM: *Technologie der Wärmebehandlung von Stahl*. 2. Aufl. Leipzig : VEB Deutscher Verlag für Grundstoffindustrie, 1987

[179] LAKHKAR, RITESH S. ; SHIN, YUNG C. ; KRANE, MATTHEW JOHN M.: Predictive modeling of multi-track laser hardening of AISI 4140 steel. In: *Materials Science and Engineering: A* Bd. 480 (2008), Nr. 1-2, S. 209–217

[180] WEISE, ANDREAS: Entwicklung von Gefüge und Eigenspannungen bei der thermomechanischen Behandlung des Stahls 42CrMo4. Chemnitz, TU Chemnitz, 1998

[181] NÜRNBERGER, FLORIAN: Vorhersage von Mikrostruktur und mechanischen Eigenschaften präzisionsgeschmiedeter Bauteile bei einer integrierten Wärmebehandlung. Garbsen, PZH, Produktionstechn. Zentrum, Dissertation, 2010

Persönliche Daten

Name:	Maximilian Schwenk
Geburtsdaten:	15.01.1982, Stuttgart
Staatsangehörigkeit:	deutsch
Familienstand:	verheiratet

Schulbildung

09/1988 - 08/1992	Grundschule Dornstetten
09/1992 - 08/1995	Gymnasium Dornstetten
09/1995 - 08/1999	Kepler Gymnasium Freudenstadt
09/1999- 06/2001	Bloomfield Hills Lahser High School, Michigan (USA)
06/2001	High School Diploma

Studium

09/2001 - 06/2002	Studium der Elektrotechnik Oakland University, Michigan (USA)
09/2002 - 06/2003	Studium der Elektrotechnik University of Wisconsin – Madison (USA)
09/2003 - 01/2009	Studium der Elektrotechnik Leibniz Universität Hannover, Masterarbeit im Rahmen des Erasmusprogrammes an der Universität Padua (Italien), Thema: „Material Based Research of Induction Hardening in Transmission Manufacturing"

Berufliche Erfahrung

Seit 05/2009	Wissenschaftlicher Mitarbeiter am Institut für Angewandte Materialien - Werkstoffkunde des Karlsruher Instituts für Technologie

Schriftenreihe
des Instituts für Angewandte Materialien

ISSN 2192-9963

Die Bände sind unter www.ksp.kit.edu als PDF frei verfügbar oder
als Druckausgabe bestellbar.

Band 1   Prachai Norajitra
Divertor Development for a Future Fusion Power Plant. 2011
ISBN 978-3-86644-738-7

Band 2   Jürgen Prokop
**Entwicklung von Spritzgießsonderverfahren zur Herstellung von
Mikrobauteilen durch galvanische Replikation.** 2011
ISBN 978-3-86644-755-4

Band 3   Theo Fett
**New contributions to R-curves and bridging stresses – Applications
of weight functions.** 2012
ISBN 978-3-86644-836-0

Band 4   Jérôme Acker
**Einfluss des Alkali/Niob-Verhältnisses und der Kupferdotierung auf
das Sinterverhalten, die Strukturbildung und die Mikrostruktur von
bleifreier Piezokeramik $(K_{0,5}Na_{0,5})NbO_3$.** 2012
ISBN 978-3-86644-867-4

Band 5   Holger Schwaab
**Nichtlineare Modellierung von Ferroelektrika unter Berücksich-
tigung der elektrischen Leitfähigkeit.** 2012
ISBN 978-3-86644-869-8

Band 6   Christian Dethloff
**Modeling of Helium Bubble Nucleation and Growth in Neutron
Irradiated RAFM Steels.** 2012
ISBN 978-3-86644-901-5

Band 7   Jens Reiser
**Duktilisierung von Wolfram. Synthese, Analyse und Charakterisierung
von Wolframlaminaten aus Wolframfolie.** 2012
ISBN 978-3-86644-902-2

Band 8   Andreas Sedlmayr
Experimental Investigations of Deformation Pathways in Nanowires.
2012
ISBN 978-3-86644-905-3

Band 9   Matthias Friedrich Funk
              **Microstructural stability of nanostructured fcc metals during cyclic
              deformation and fatigue.** 2012
              ISBN 978-3-86644-918-3

Band 10   Maximilian Schwenk
              **Entwicklung und Validierung eines numerischen Simulationsmodells
              zur Beschreibung der induktiven Ein- und Zweifrequenzrandschicht-
              härtung am Beispiel von vergütetem 42CrMo4.** 2012
              ISBN 978-3-86644-929-9